Christoph Meinhardt

Analyse primärverzunderter Stähle mit LIBS

Elementspezifische Analyse primärverzunderter Stranggussstähle mit Laser-Emissionsspektroskopie

Element-Specific Analysis of Scaled Continuous Casted Steel by Laser-induced Breakdown Spectroscopy

Von der Fakultät für Maschinenwesen der Rheinisch-Westfälischen Technischen Hochschule Aachen zur Erlangung des akademischen Grades eines Doktors der Naturwissenschaften genehmigte Dissertation

vorgelegt von

Christoph Meinhardt

Berichter Univ.-Prof. Dr. rer. nat. Reinhart Poprawe
Univ.-Prof. Dr. rer. nat. Wolfgang Schade

Tag der mündlichen Prüfung: 13. November 2017

Bibliografische Information der Deutschen Nationalbibliothek

Die Deutsche Nationalbibliothek verzeichnet diese Publikation in der Deutschen Nationalbibliografie; detaillierte bibliografische Daten sind im Internet über dnb.dnb.de abrufbar.

✉ christoph.meinhardt@rwth-aachen.de

Dieses Buch wurde mit LaTeX gesetzt.
1. veröffentlichte Fassung, Stand 29. November 2017

Herstellung und Verlag:

BoD – Books on Demand
In de Tarpen 42
22848 Norderstedt

☎ +49 40 - 53 43 35 - 0
📠 +49 40 - 53 43 35 - 84
✉ info@bod.de
www.bod.de

ISBN: 978-3-7448-6865-5

D 82 (Diss. RWTH Aachen University, 2017)

Inhaltsverzeichnis

1 Einleitung und Motivation

Im Jahr 2014 wurden in Deutschland 42,9 Millionen Tonnen Stahl hergestellt [Wir14]. Anwendungen von Stahl finden sich in allen Lebensbereichen; ob als Baumaterial für Brücken und Gebäude, in Maschinen und Anlagen aller Art, bis hin zu Werkzeugen und unterschiedlichsten Gegenständen des täglichen Bedarfs. Rund 2500 Stahlsorten sind heute genormt [Reu14; Moe13], bis zu 30 neue Stahlsorten kommen jedes Jahr hinzu (Stand 2014) [Öst14]. Über 90 % des produzierten Stahls werden im Stranggussverfahren hergestellt [Tim15]. Bei diesem Verfahren wird der flüssige Stahl in einem quasi-kontinuierlichen Prozess zu einem Endlosstrang vergossen, welcher in einzelne Blöcke zerteilt wird. Eine sofortige Weiterverarbeitung ist in vielen Fällen nicht möglich [Wit04], sodass eine Zwischenlagerung erforderlich ist. Bei der Entnahme der Blöcke aus einem solchen Vormateriallager können Verwechslungen nach dem Stand der Technik nicht zu 100 % ausgeschlossen werden.

Die Folgen einer Materialverwechslung können sehr unterschiedlich ausfallen. Werden zwei Blöcke aus ähnlichem Material verwechselt, kann diese Verwechslung folgenlos bleiben. Wenn jedoch Blöcke verwechselt werden, deren Materialien sich in entscheidenden Eigenschaften unterscheiden, können solche Materialfehler zu Bauteilversagen führen, was neben Sach- oder gar Personenschäden erhebliche Folgekosten verursachen kann. Aber auch wenn eine Verwechslung noch innerhalb der Produktionskette erkannt wird, kann diese erhebliche Kosten nach sich ziehen. Im besten Fall ist der Schaden auf das Ausschussmaterial beschränkt. Möglich ist aber auch, dass die Fertigungsstraße beschädigt wird, wenn das zu bearbeitende Werkstück nicht die erwarteten Eigenschaften hat.

Um diese Risiken zu minimieren, ist eine Prüfung der einzelnen Blöcke erforderlich. Ziel dieser Arbeit ist die Entwicklung eines Verfahrens, mit welchem vor dem Anfang der Walzstraße primärverzunderte Stahlblöcke direkt in der Prozesslinie auf ihre chemische Zusammensetzung hin überprüft werden können. Diese Analyse soll dabei über die Laser-Emissionspektroskopie (LIBS, für engl. Laser-Induced Plasma Breakdown

Spectroscopy) erfolgen. Hierbei wird ein gepulster Laserstrahl auf das zu untersuchende Material fokussiert, sodass ein Teil davon in die Plasmaphase überführt wird. Die Atome und Ionen im Plasma emittieren Licht bei charakteristischen Wellenlängen, sodass aus dem gemessenen Spektrum Rückschlüsse auf die chemische Zusammensetzung des Plasmas und damit des untersuchten Materials gezogen werden können. Für eine solche Analyse ist ein Abtrag nicht-repräsentativer Deckschichten nötig. Eine typische Beschickungsrate einer Warmwalzstraße ist ein Block pro Minute. Damit ein Messverfahren in der Produktion zur Prüfung der Blöcke eingesetzt werden kann, muss es mindestens diese Rate erreichen.

Die Dicke der Zunderschichten auf Stranggussblöcken wird in der Literatur mit bis zu 500 µm angegeben [Mar05], hinzu kommen metallische Schichten deren Zusammensetzung sich in Oberflächennähe vom Grundmaterial unterscheidet. Ursache für solche metallischen Deckschichten kann die Wechselwirkung mit der Atmosphäre sein, aber auch Seigerungseffekte während der Erstarrung der Schmelze. Der Materialabtrag, der mit einer LIBS-Messung einhergeht, wurde bereits in wissenschaftlichen Arbeiten dazu benutzt, um nicht-repräsentative Deckschichten abzutragen oder um Tiefenprofile einer Probe aufzunehmen. Ein wichtiges Beispiel ist die Messung von Zinkschichtdicken auf Werkstücken aus Stahl. Mit jedem applizierten Laserpuls wird ein Teil der Zink-Schicht abgetragen, sodass bei jedem weiteren Puls das Material aus einer tieferen Schicht gemessen wird [OS00; Nov+07]. Eine Alternative zur Messung eines solchen Tiefenprofils ist es, einen einzigen Pulszug zu applizieren, der die Zinkschicht vollständig durchdringt und auch einen Teil des darunter liegenden Stahls ablatiert. Je dicker die Zinkschicht ist, desto mehr entspricht das Spektrum dem einer Zinkprobe. Bei dünnen Zinkschichten hingegen dominiert der Eisenanteil aus dem Stahl [Bal+05]. Bei Messungen an verzunderten Kontrollproben aus der Stahlproduktion konnte der Materialabtrag von LIBS bereits genutzt werden, um die vorhandenen Zunderschichten abzutragen. Hierbei wurde eine Kratertiefe von etwa 300 µm erreicht [Stu+04; Vre11]. Beispielhafte Messtiefen veröffentlichter LIBS-Messungen sind im Bild 1.1 dargestellt. Messtiefen über 200 µm beziehen sich dabei meist auf die Untersuchung nichtmetallischer Proben. Ein Abtrag mit Laserpulsen für LIBS-Messungen von 500 µm wurde an Farbanstrichen für Seeschiffe gezeigt [MPN12]. Da für eine Analyse von Stranggussblöcken nicht nur 500 µm Zunder, sondern auch metallische Deckschichten durchdrungen werden müssen, ist eine höhere Messtiefe erforderlich. Hierbei ergibt sich die wissenschaftliche Fragestellung, wie sich der Einfluss einer nicht-repräsentativen Deckschicht auf das Messergebnis minimieren lässt. Verschiedene Mechanismen einer solchen Einflussnahme sind denkbar. Neben einer Materialverschleppung zwischen Deckschicht und Grundmaterial ist auch eine Wechselwirkung zwischen Laserplasma und Oberflächenschicht zu erwarten. Da das Laserplasma für die Messung innerhalb eines zuvor abgetragenen Kraters erzeugt wird, wird die Expansion des Plasmas durch die Kratergeometrie eingeschränkt. Daher ist zu erwarten, dass das Messergebnis sowohl von der Tiefe als auch von der Form des Kraters abhängt. Diese Einflüsse sollen möglichst isoliert untersucht werden.

In dieser Arbeit werden Materialproben verwendet, die aus primärverzunderten Stranggussstahlblöcken herausgesägt wurden. Im ersten Schritt sollen zunächst die Oberflächenschichten dieser Proben im Hinblick auf Zusammensetzung und Ablationsverhalten untersucht werden. Aus den Ablationsversuchen wird eine Prüfsequenz entwickelt, die sich in eine Abtragsphase und eine Messphase aufteilt. Der Abtrag der Deckschichten und die LIBS-Messung werden dabei mit derselben Laserstrahlungsquelle

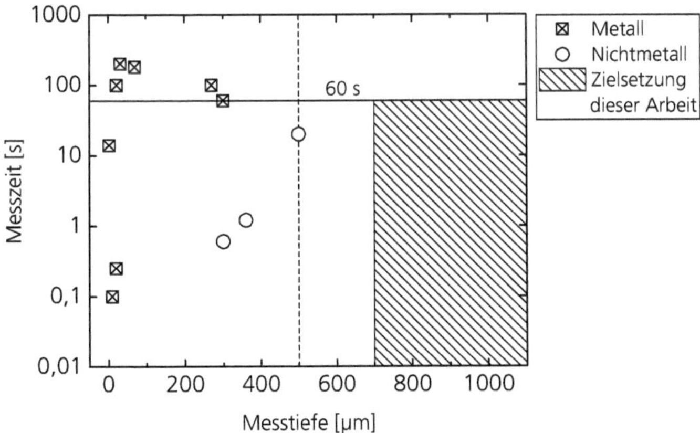

Bild 1.1: Veröffentlichte Messtiefen von LIBS-Messungen metallischer und nichtmetallischer Proben. Markiert sind die 500 µm Schichtdicke, die für den Primärzunder an einem stranggegossenen Stahl-Walzblock zu erwarten sind [Mar05]. Quellen: siehe Abschnitt A.5 im Anhang

durchgeführt, deren Parametrierung entsprechend angepasst wird. Für diese Prüfsequenz sollen weniger als 60 Sekunden benötigt werden. Die Ergebnisse aus den Laborversuchen werden in ein Funktionsmuster übertragen.

Das Konzept, eine einzige und dafür flexiblere Strahlungsquelle für Abtrag und Analyse zu verwenden, wurde für die Sortierung von Leichtmetall-Schrotten entwickelt [Ayd10; Wer14]. Bei diesen Sortierverfahren wurden die vereinzelten Schrottstücke auf einem Förderband durch das Messvolumen bewegt. In diesem werden die Messobjekte mit der Laserstrahlung beaufschlagt; zunächst entfernt ein Reinigungspulszug evtl. vorhandene Deckschichten, ein direkt folgender Doppelpuls erzeugt das Plasma für die LIBS-Messung. Bei jedem Zyklus der Laserstrahlungsquelle wird dabei je ein Schrottstück analysiert. In dieser Arbeit steht für eine Prüfsequenz etwa eine Minute zur Verfügung, was einigen Tausend Laserzyklen entspricht. Auf der anderen Seite befinden sich auf einem Stranggussblock erheblich dickere Deckschichten als auf einem Aluminiumschrottstück. Die Anforderung an die Laserstrahlungsquelle, einen hohen Materialabtrag zu ermöglichen und ein spektroskopisch analysierbares LIBS-Plasma zu zünden ist in beiden Fällen jedoch gleich. Aufgrund des erforderlichen Materialabtrags, wurde bei der Auswahl der Laserstrahlungsquelle neben der beschriebenen Flexibilität vor allem eine hohe Strahlungsleistung gefordert.

2 Grundlagen

2.1 Wechselwirkung zwischen Material und Laserstrahlung

Eine wesentliche Eigenschaft der Laserstrahlung ist die gute Fokussierbarkeit. Diese ermöglicht es, einen Laserstrahl auf einen Fokus zu bündeln, dessen Durchmesser wenigen Wellenlängen entspricht. Daraus ergibt sich die Möglichkeit, Material räumlich begrenzt zu erhitzen, was in der Materialbearbeitung vielseitig genutzt wird. Eine wichtige Anwendung ist das Laserschweißen. Hier werden die beiden zu verschweißenden Werkstücke zusammengefügt, lokal aufgeschmolzen und so miteinander verschweißt. Die optische Eindringtiefe liegt bei Metallen im Bereich um die 10 nm [Sat97; Mat+94]. Im Fall des Wärmeleitungsschweißens werden die darunterliegenden Schichten über die Wärmeleitung erhitzt. Dieses Verfahren wird typischerweise bis zu Materialdicken von ca. 2 mm eingesetzt. Die Tiefe des aufgeschmolzenen Materials ist dabei geringer als die Breite der Naht. Eine typische Bestrahlungsstärke für das Wärmeleitungsschweißen von Stahl ist $1{,}5 \cdot 10^4\,\mathrm{Wcm^{-2}}$ [Pop11]. Zu hohe Bestrahlungsstärken an der Oberfläche führen zu einer unregelmäßigen Dampf- bzw. Plasmabildung, die das Material entfernt und daher einer fehlerfreien Verschweißung entgegensteht. Bei einer weiteren Erhöhung der Intensität auf etwa $5 \cdot 10^4\,\mathrm{Wcm^{-2}}$ bildet sich eine stabilere Gas-Plasmaflamme aus und die Schweißqualität verbessert sich wieder. Bei Intensitäten von typischerweise $> 1 \cdot 10^6\,\mathrm{Wcm^{-2}}$ [WJ04], bildet sich außerdem eine Dampfkapillare, über welche die Laserstrahlung in tiefere Bereiche der Werkstücke eingekoppelt werden kann.

Die lokale Aufschmelzung und Verdampfung kann auch zum Laserbohren genutzt werden. Hierbei werden mit gepulsten Strahlquellen Bestrahlungsstärken über $1 \cdot 10^6\,\mathrm{Wcm^{-2}}$ erzeugt. Das verdampfende Material drückt dabei die Schmelze aus dem Bohrloch. Je höher die Intensität ist, desto höher ist der Anteil des Materials, der in der Dampfphase ausgetragen wird. Der Anteil der Schmelzphase sinkt dementsprechend. Ab einer Intensität von etwa $1 \cdot 10^8\,\mathrm{Wcm^{-2}}$ ist die direkte Verdampfung der dominierende Abtragsprozess, sodass vom Sublimationsbohren in Abgrenzung zum Schmelzbohren gesprochen wird [Pop11]. Für die Verdampfung einer gegebenen Materialmenge wird mehr Energie benötigt als für deren Aufschmelzung. Im Fall von Eisen beträgt die Schmelzwärme $13{,}8\,\mathrm{kJmol^{-1}}$ [Uni15], die Verdampfungswärme hingegen $350\,\mathrm{kJmol^{-1}}$ [ZEY11]. Die beiden spezifischen Enthalpien unterscheiden sich also um das 25-fache. Bei einer gegebenen Pulsenergie wird also umso mehr Material abgetragen, je mehr davon als Schmelze ausgetrieben wird. Daher ist Schmelzbohren, energetisch gesehen, das effizientere Verfahren [Lei+11]. Ein Vorteil des Sublimationsbohrens ist dagegen, dass die Bohrung exakter verläuft. Da beim Schmelzbohren ein Teil des aufgeschmolzenen Materials wieder erstarrt, wird nicht nur die Umgebung um das Bohrloch von Kondensat verunreinigt, sondern auch die Geometrie im Bohrloch unvorhersagbar beeinflusst [Dua+16].

Wenn die Bestrahlungsstärke 10^8–$10^9\,\mathrm{Wcm^{-2}}$ übersteigt, setzt eine verstärkte Plasmabildung ein, die sich in der Abnahme des Reflexionskoeffizienten zeigt [Bas+69]. Wenn die Strahlungsleistung durch das Plasma absorbiert wird, wird diese nicht in das abzutragende Material eingekoppelt, sodass die Effizienz des Abtrags weiter sinkt. Dieses Problem lässt sich vermeiden, indem die Laserpulsdauer soweit verkürzt wird, dass die Laserenergie bereits absorbiert ist, bevor sich das abschirmende Plasma gebildet hat. Die Grenze hierfür liegt bei etwa 10 ps [SMR97]. Allerdings kann sich in diesen Zeiträumen immer noch eine Schmelze bzw. Materialdampf bilden [VL04]. Der Einfluss der Laserpulsdauer ist schematisch in Bild 2.1 dargestellt. Bei Pulsdauern im Nanosekundenbereich (1) wird ein Großteil des Materials als Schmelze entfernt. Im Pikosekundenbereich (2) bildet sich weniger Schmelze, das Material wird überwiegend direkt verdampft und die Wärmeeindringtiefe ist geringer. In der Literatur wird angenommen, dass die Laserstrahlung von den freien Elektronen im Material absorbiert wird und sich erst nach etwa 1 ps ein Gleichgewicht zwischen Gittertemperatur und Elektronentemperatur einstellt [Chi+96]. Bei noch kürzeren Pulsen im Femtosekundenbereich wird die Laserenergie von den Elektronen vollständig absorbiert, bevor ein nennenswerter Übertrag an das Gitter erfolgen kann. In diesem Regime können die Wärmeleitung und Entstehung einer flüssigen Phase vernachlässigt werden. Wie in Fall (3) dargestellt, erfolgt die Expansion des ablatierten

Materials erst nach dem Laserpuls. Die Absorption des Laserpulses und die Expansion des Plasmas sind daher für Fall (3) einzeln dargestellt. Auch die Erwärmung des verbleibenden Materials kann bei fs-Pulsdauern vernachlässigt werden. Ein in solcher Weise schonender Materialabtrag ist in vielen Fällen wünschenswert, z. B. bei medizinischen Anwendungen in der Augen- [HC08] oder Zahnheilkunde [Rod+03; Che+16].

Der Einfluss der Laserpulsdauer auf den Wärmeeintrag in das Material ist in Bild 2.2 veranschaulicht. Im linken Bild wurde mit Pulsdauern $\tau > 10\,\text{ns}$ ein Loch in Holz gebohrt. Im Inneren der Bohrung ist eine Verkohlung erkennbar. Der Streichholzkopf im rechten Bild wurde mit Femtosekunden-Pulsen „graviert“. Trotz einer Zündtemperatur von 80 °C kann mit einem Ultrakurzpulslaser das Material lokal abgetragen werden, ohne dass der Streichholzkopf entzündet wird [TRU17].

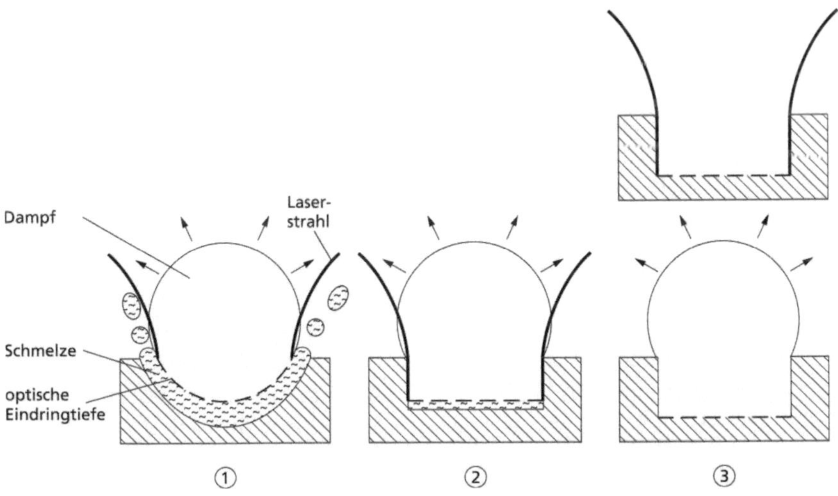

Bild 2.1: Schematische Darstellung eines Materialabtrags mit (1) Nanosekunden, (2) Pikosekunden und (3) Femtosekunden Laserpulsdauer

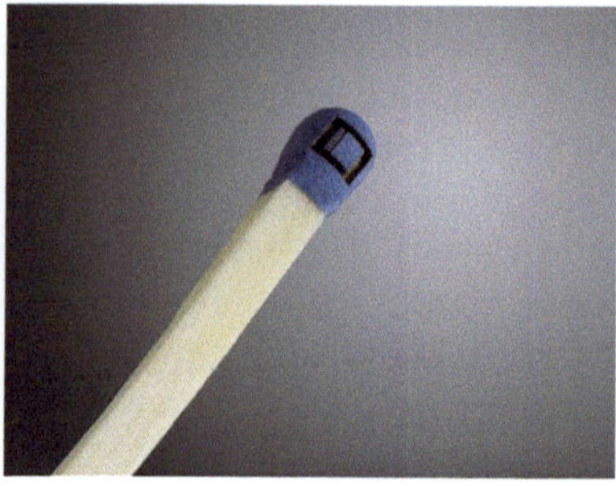

Bild 2.2: Einfluss der Pulsdauer auf den Wärmeeintrag bei der Bearbeitung hitzeempfindlicher Materialien. Links: Abtrag von Holz mit Nanosekunden-Pulsen. Rechts: Lasergravur eines Streichholzkopfs mit Femtosekunden-Pulsen. Rechte Abbildung mit freundlicher Genehmigung der TRUMPF Laser- und Systemtechnik GmbH [TRU17]

2.2 Grundlagen der Laser-Emissionsspektroskopie

2.2.1 Linienemission

Wie bereits beschrieben, führt eine hinreichend hohe Bestrahlungsstärke zur Verdampfung oder sogar zur Ionisation des absorbierenden Materials. Ein Teil dieser in das Plasma eingekoppelten Energie wird als Licht wieder abgestrahlt und kann mit einem Spektrometer analysiert werden. Auch wenn es möglich ist, von CW-Lasern erzeugte Plasmen spektroskopisch zu untersuchen [Pal+01; Sib+05; Sib+06], wird in der Laser-Emissionsspektroskopie in den meisten Fällen mit gepulsten Strahlquellen gearbeitet [HO10; MP14]. Der zeitliche Verlauf einer LIBS-Messung mit Pulsdauern $\tau \approx 10\,\mathrm{ns}$ ist in Bild 2.3 dargestellt [Nol12]. Zu Beginn der Messung bei $t = 0\,\mathrm{ns}$ (1) wird die Laserstrahlung von der Probe absorbiert und diese lokal aufgeschmolzen (2). Ein Teil des Materials wird danach verdampft und ionisiert (3). Das entstehende Plasma beginnt nun einen Teil der einfallenden Laserstrahlung zu absorbieren (4), gleichzeitig beginnt das Plasma selbst Strahlung zu emittieren. Nach dem Laserpuls zerfällt das Plasma innerhalb von einigen Mikrosekunden (5-7). Nach etwa 50 µs ist das Plasma relaxiert (8). Das ablatierte Material kondensiert, bei festen Proben bleibt auf der Oberfläche ein Krater zurück.

Die vom Plasma emittierte Strahlung setzt sich aus verschiedenen Anteilen zusammen. Übergänge zwischen den einzelnen gebundenen Energieniveaus der Atome oder Ionen liefern ein diskretes Linienspektrum. Dieses ist für die einzelnen Elemente charakteristisch und kann daher für die Materialanalytik verwendet werden. Die Frequenz $\nu_{i,f}$ bzw. die Wellenlänge $\lambda_{i,f}$ einer Spektrallinie ist über den Energiesatz vorgegeben:

$$\nu_{i,f} = \frac{c_\emptyset}{\lambda_{i,f}} = \frac{E_i - E_f}{h}. \tag{2.1}$$

Dabei ist E_i die Energie des oberen Niveaus i und E_f die Energie des unteren Niveaus f der strahlenden Spezies. Dieser Begriff soll im Folgenden Atome und Ionen umfassen.

Unter der Annahme, dass das Plasma optisch dünn ist, also keine Strahlung reabsorbiert, ist die spektrale Strahldichte, die vom Plasma in den Raumwinkel $\mathrm{d}\Omega$ abgestrahlt wird, über den Emissionskoeffizienten $\varepsilon_{if}^{\lambda,\mathrm{d}\Omega}$ gegeben [BS74].

$$\varepsilon_{if}^{\lambda,\mathrm{d}\Omega}(\lambda) = \frac{1}{4\pi}\Gamma(\lambda)\frac{hc_\emptyset}{\lambda_{i,f}}N_a^z\frac{1}{u_a^z(T)}A_{if}g_i\exp(-E_i/k_\mathrm{B}T). \tag{2.2}$$

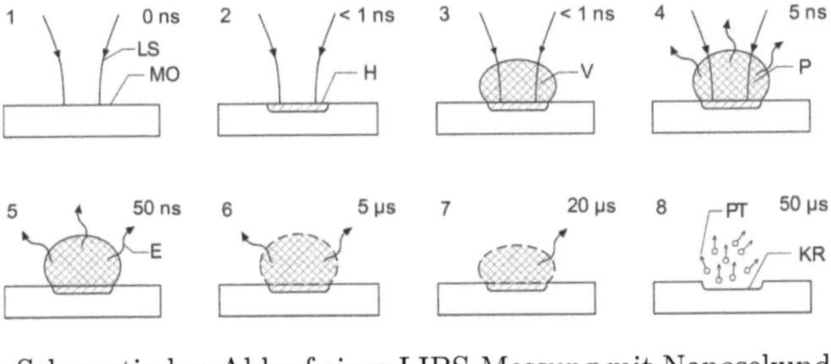

Bild 2.3: Schematischer Ablauf einer LIBS-Messung mit Nanosekunden-Pulsen und einem Festköper als Messobjekt (MO). (H) Schmelze, (V) Dampf, (P) Plasma, (E) Linienemission, (PT) Partikel, (KR) Krater. Quelle [Nol12]

Hier bei ist $\Gamma(\lambda)$ das Profil der Spektrallinie, A_{if} der Einsteinkoeffizient für den Übergang von i zu f und g_i das statistische Gewicht des oberen Zustands. Die Größe N_a^z stellt die Dichte der Spezies des Elementes a mit der Ladungszahl z dar. Die temperaturabhängigen Zustandssummen $u_a^z(T)$ können der Literatur entnommen werden [DF65; NIS14]. Das tatsächliche Messsignal I am Detektor hängt u. a. vom erfassten Plasmavolumen V_P, dem erfassten Raumwinkel der Optik Ω_D sowie der Empfindlichkeit des Aufbaus $\eta(\lambda)$ ab. Außerdem hängt die gemessene Intensität davon ab, welches Intervall von $\Gamma(\lambda)$ betrachtet wird. In diesem Abschnitt soll näherungsweise davon ausgegangen werden, dass das Spektrometer die Spektrallinie vollständig integriert. Mit anderen Worten: Der gemessene Teil des Spektrums umfasst den Bereich vollständig, in welchem $\Gamma(\lambda) > 0$ gilt. Außerdem wird angenommen, dass die spektrale Empfindlichkeit $\eta(\lambda)$ über die Breite der Linie näherungsweise konstant ist. Für das Messsignal I gilt dann im optisch dünnen Fall:

$$I = \eta(\lambda) \iint \mathrm{d}\Omega_\mathrm{D} \mathrm{d}V_\mathrm{P} \varepsilon_{if}^{\lambda,\mathrm{d}\Omega} = \eta(\lambda) \Omega_\mathrm{D} V_\mathrm{P} \varepsilon_{if}^{\lambda,\mathrm{d}\Omega}. \tag{2.3}$$

Bei der Expansion und Abkühlung des Plasmas ändert sich die abgestrahlte Intensität I entsprechend. Auch die Wiederholpräzision ist u. a. durch die schwankende Laserpulsenergie begrenzt. Um dennoch zu einer möglichst reproduzierbaren Messgröße zu gelangen, können verschiedene Linien untereinander verglichen werden. Einflüsse, die auf beide Linien gleichermaßen wirken, können auf diese Weise ausgeblendet werden. Ein wichtiges Beispiel ist der Vergleich einer Analyt- mit einer Referenzlinie. Die Analytlinie I_a wird dabei vom zu untersuchenden Element z. B. Kohlenstoff oder Nickel emittiert. Die Referenzlinie I_r gehört zu einem Matrixelement, z. B. Eisen im Fall von Stahl. Für das referenzierte Signal $Q_{a,r}$ gilt

$$Q_{a,r} = \frac{I_a}{I_r} = \underbrace{\left(\frac{N_a^z}{N_r^z}\right) \frac{A_{if,a} g_{i,a} \eta(\lambda_a) \lambda_r}{A_{if,r} g_{i,r} \eta(\lambda_r) \lambda_a}}_{C:=} \cdot \frac{u_r^z(T) \exp\left(-E_{i,a}/k_\mathrm{B}T\right)}{u_a^z(T) \exp\left(-E_{i,r}/k_\mathrm{B}T\right)}. \tag{2.4}$$

In dem Faktor C sind hierbei alle Größen erfasst, die bei einer Wiederholung des Versuchs als konstant angenommen werden. Die zu ermittelnde Konzentration des Analytelements in der Probe geht über den Term $\left(\frac{N_a^z}{N_r^z}\right)$ in die Messgröße $Q_{a,r}$ ein. Durch die Expansion des Plasmas nehmen die Dichten N_a^z und N_a^z zwar jeweils ab; das Verhältnis der Dichten zueinander ist jedoch in guter Näherung konstant und entspricht, bei stöchiometrischer Ablation [Gau+10], dem Verhältnis der beiden Elemente in der Probe. Um die Stabilität der Versuchsbedingungen abzuschätzen, soll die Temperaturabhängigkeit von $Q_{a,r}$ betrachtet werden, unter der Annahme, dass N_a^z/N_r^z konstant ist.

$$Q_{a,r} = C \cdot \left(\frac{u_r^z(T)}{u_a^z(T)}\right) \exp\left(\frac{-(E_{i,a} - E_{i,r})}{k_\mathrm{B}T}\right) \tag{2.5}$$

$$\begin{aligned}\frac{\mathrm{d}Q_{a,r}}{\mathrm{d}T} &= C \cdot \frac{\mathrm{d}}{\mathrm{d}T}\left(\frac{u_r^z(T)}{u_a^z(T)}\right) \exp\left(\frac{-(E_{i,a} - E_{i,r})}{k_\mathrm{B}T}\right)\\ &+ C \cdot \left(\frac{u_r^z(T)}{u_a^z(T)}\right) \frac{\mathrm{d}}{\mathrm{d}T} \exp\left(\frac{-(E_{i,a} - E_{i,r})}{k_\mathrm{B}T}\right)\end{aligned} \tag{2.6}$$

$$\begin{aligned}\frac{\mathrm{d}Q_{a,r}}{\mathrm{d}T} &= C \underbrace{\left(\frac{u_r^z(T)}{u_a^z(T)}\right)\left(\frac{u_a^z(T)}{u_r^z(T)}\right)}_{=1} \cdot \frac{\mathrm{d}}{\mathrm{d}T}\left(\frac{u_r^z(T)}{u_a^z(T)}\right) \exp\left(\frac{-(E_{i,a} - E_{i,r})}{k_\mathrm{B}T}\right)\\ &+ C \cdot \left(\frac{u_r^z(T)}{u_a^z(T)}\right) \frac{(E_{i,a} - E_{i,r})}{k_\mathrm{B}T^2} \exp\left(\frac{-(E_{i,a} - E_{i,r})}{k_\mathrm{B}T}\right)\end{aligned} \tag{2.7}$$

$$\frac{\mathrm{d}Q_{a,r}}{\mathrm{d}T} = Q_{a,r}\left[\left(\frac{u_a^z(T)}{u_r^z(T)}\right) \cdot \frac{\mathrm{d}}{\mathrm{d}T}\left(\frac{u_r^z(T)}{u_a^z(T)}\right) + \frac{(E_{i,a} - E_{i,r})}{k_\mathrm{B}T^2}\right] \tag{2.8}$$

$$\frac{\mathrm{d}Q_{a,r}}{\mathrm{d}T} = \frac{Q_{a,r}}{k_\mathrm{B}T^2}\left[\underbrace{k_\mathrm{B}T^2\left(\frac{u_a^z(T)}{u_r^z(T)}\right) \cdot \frac{\mathrm{d}}{\mathrm{d}T}\left(\frac{u_r^z(T)}{u_a^z(T)}\right)}_{E_\mathrm{S}(T)} + E_{i,a} - E_{i,r}\right] \tag{2.9}$$

Aus den tabellierten Zustandssummen, z. B. [NIS14], lässt sich auch deren Temperaturabhängigkeit bestimmen. In Gleichung (2.9) ist der Einfluss der Zustandssummen zur Hilfsgröße $E_\mathrm{S}(T)$ mit der Dimension einer Energie zusammengefasst. Auf diese Weise kann der Einfluss der Zustandssummen mit dem der unterschiedlichen Anregungsenergien verglichen werden. Die Temperaturabhängigkeit von $E_\mathrm{S}(T)$ für Chrom oder Nickel als Analyt- und Eisen als Matrixelement ist in Bild 2.4 dargestellt. Der Rechenweg – die Zahlenwerte für Gleichung (2.9) – ist im Anhang in Abschnitt A.1 beschrieben. Analyt- und Referenzlinie sind dabei entweder beide Atomlinien oder beide Ionenlinien. Im gezeigten, für LIBS relevanten Temperaturintervall gilt -1,5 eV $< E_\mathrm{S} <$ 1,1 eV. Die oberen Anregungsenergien E_i liegen typischerweise im Bereich zwischen 3 eV und 8 eV. Die Temperaturabhängigkeit einer referenzierten Intensität $Q_{a,r}$ aus Gleichung (2.9) ist also vor allem durch die Auswahl des Linienpaares vorgegeben. Ein geringer Unterschied zwischen den oberen Energieniveaus der beteiligten Linien gilt als notwendige Bedingung für ein stabiles Linienpaar [Nol+05; Tho96; Ism+04]. Diese Forderung entspricht Gleichung (2.9), unter der Annahme, dass $|E_\mathrm{S}| \ll |E_{i,a} - E_{i,r}|$ gilt.

Um die Temperatur des Plasmas zu bestimmen, können die Linien einer Spezies untereinander verglichen werden. Für die Intensität einer Linie gilt nach Gleichung (2.2) und Gleichung (2.3)

$$I_\lambda = \eta(\lambda) V_\mathrm{P} \Omega_\mathrm{D} \varepsilon_{if}^{\lambda,\mathrm{d}\Omega} = \eta(\lambda) V_P \Omega_\mathrm{D} \frac{1}{4\pi} hc_\emptyset N_a^z \frac{1}{u_a^z(T)} \frac{A_{if} g_i}{\lambda_{i,f}} \exp(-E_i/k_\mathrm{B}T),$$

$$\frac{I_\lambda}{\eta(\lambda)} \cdot \frac{\lambda_{i,f}}{A_{if} g_i} = V_\mathrm{P} \Omega_\mathrm{D} \cdot \frac{1}{4\pi} hc_\emptyset N_a^z \frac{1}{u_a^z(T)} \exp(-E_i/k_\mathrm{B}T), \quad (2.10)$$

$$\underbrace{\ln\left(\frac{I_\lambda}{\eta(\lambda)} \cdot \frac{\lambda_{i,f}}{A_{if} g_i}\right)}_{Y:=} = \frac{-1}{k_\mathrm{B}T} E_i + \underbrace{\ln\left(V_\mathrm{P} \Omega_\mathrm{D} \cdot \frac{1}{4\pi} hc_\emptyset N_a^z \frac{1}{u_a^z(T)}\right)}_{B:=}. \quad (2.11)$$

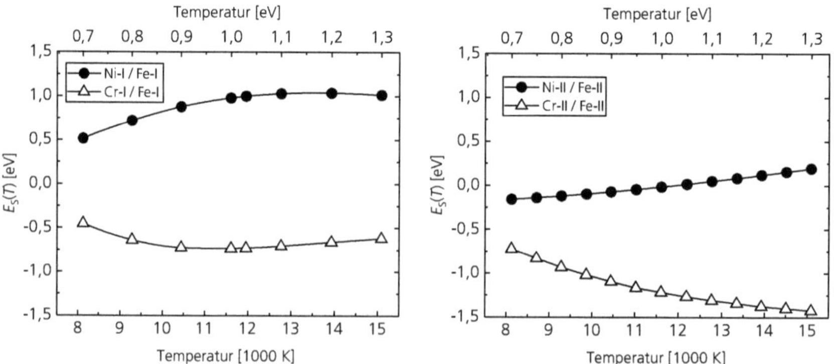

Bild 2.4: Temperaturabhängigkeit der Hilfsgröße $E_\mathrm{S}(T)$ für Chrom und Nickel als Analytelemente und Eisen als Matrixelement. Die Daten der Zustandssummen sind [NIS14] entnommen.

Die graphische Darstellung von $Y(E_i)$ ist der Boltzmannplot. Bild 2.5 zeigt einen beispielhaften Boltzmannplot für Eisen-I-Atome und Eisen-II-Ionen. Die verwendeten Linien (Quelle [Kur03]) sind im Anhang unter Abschnitt A.6 beschrieben. Statt des Faktors $A_{if}g_i$ wird dabei die Größe $\log_{10}(g_f f_{fi})$, abgekürzt zu $\log(gf)$, tabelliert. Dabei ist f_{fi} die dimensionslose Oszillatorstärke, die anstelle des Einsteinkoeffizienten tritt [Dem07]. Die Größe $\log(gf)$ kann wie folgt in $A_{if}g_i$ umgerechnet werden [NIS12]:

$$A_{if}g_i = \frac{1}{\lambda_{i,f}^2} \cdot 10^{\log(gf)} \cdot \frac{2\pi e^2}{m_e c_\emptyset \varepsilon_0}. \tag{2.12}$$

Unter der Annahme, dass der zu B zusammengefasste Term für alle Linien gleich ist, ist $Y(E_i)$ eine lineare Funktion. Aus $n \geq 2$ Linien einer Spezies kann daher die Plasmatemperatur ermittelt werden. In der Praxis empfiehlt es sich, möglichst viele Linien zu berücksichtigen [CR06]. Allerdings sollte bei der Linienauswahl darauf geachtet werden, dass die untersuchten Linien isoliert betrachtet werden können und nicht von anderen Linien überlagert sind – auch nicht von Linien desselben Elements.

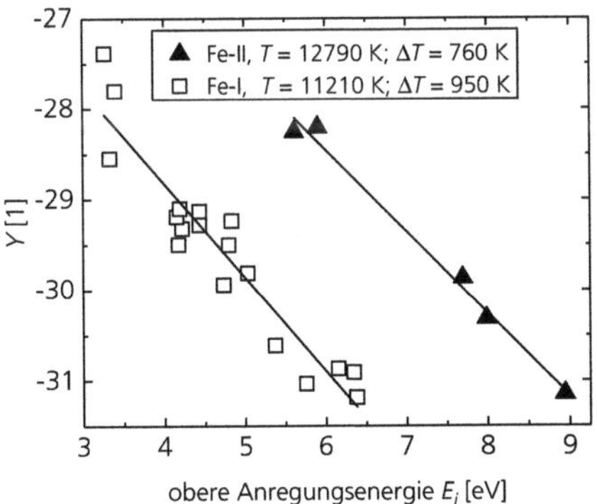

Bild 2.5: Boltzmann-Plot von Eisen-Atom- (Fe-I) und Eisen-II-Ionenlinien (Fe-II) bei zeitlicher Integration über die gesamte Emissionsdauer. Die statistische Unsicherheit ΔT der Temperatur T ergibt sich aus der Streuung der Datenpunkte um die Ausgleichsgerade.

Wenn z. B. eine Eisen-Atomlinie von einer Eisen-Ionenlinie überlagert ist, so sollten diese Linien nicht für die Temperaturbestimmung verwendet werden. Dennoch kann sich eine solche „Mehrfachlinie“ als Analyt- oder Referenzlinie eignen.

Die Differenzierung von $Y(E_i)$ aus Gleichung (2.11) nach E_i ergibt

$$\frac{\mathrm{d}Y}{\mathrm{d}E_i} = \frac{-1}{k_\mathrm{B}T} = m, \tag{2.13}$$

$$T = \frac{-1}{m}k_\mathrm{B}. \tag{2.14}$$

Die Steigung m und der Achsenabschnitt B der Ausgleichsgeraden kann mit der Methode der kleinsten Fehlerquadrate ermittelt werden.

$$m = \frac{\sum\limits_{k=1}^{n} X_k Y_k - n\overline{X}\,\overline{Y}}{\sum\limits_{k=1}^{n} X_k^2 - n\overline{X}}, \tag{2.15}$$

$$B = \overline{Y} - m\overline{X}. \tag{2.16}$$

Die Größen $\overline{X}$ und $\overline{Y}$ stellen dabei die arithmetischen Mittelwerte der jeweiligen Größen dar. Die statistische Unsicherheit $s(m)$, mit welcher die Steigung nach Gleichung (2.15) bestimmt ist, berechnet sich mit [Pap11]:

$$s(m) = \frac{1-R^2}{N-2} \cdot \frac{s_Y}{s_X}. \tag{2.17}$$

$$\tag{2.18}$$

Hierbei sind s_X und s_Y die Standardabweichungen von X bzw. Y und R^2 das Bestimmtheitsmaß der linearen Regression. Nach der Gauß'schen Fehlerfortpflanzung gilt für die statistische Unsicherheit der Temperaturberechnung ΔT nach Gleichung (2.14):

$$\Delta T = T\left|\frac{\Delta m}{m}\right|. \tag{2.19}$$

Unter der Annahme, dass $|\Delta m| \approx s(m)$ gilt, ergeben sich typischerweise Unsicherheiten zwischen fünf und zehn Prozent. Der in Bild 2.5 gezeigte Boltzmannplot ergibt eine Fe-Atomtemperatur von $T = 11\,210\,\mathrm{K}$ und eine Unsicherheit von $\Delta T = 950\,\mathrm{K}$.

2.2.2 Linienverbreiterung

Die spektrale Breite einer Emissionslinie wird im Wesentlichen durch den optischen Dopplereffekt und die Stark-Verbreiterung bestimmt [CR06]. Im Plasma sind die Geschwindigkeiten der einzelnen Teilchen statistisch verteilt. Je nachdem, ob sich ein emittierendes Teilchen vom Betrachter entfernt oder sich auf diesen zubewegt, beobachtet dieser eine etwas andere Frequenz bzw. Wellenlänge, als das Teilchen ohne Bewegung emittiert. Ursache hierfür ist der optische Dopplereffekt. Für das gesamte Plasma gesehen ergibt sich daraus eine Verbreiterung der einzelnen Linien um $\Delta\lambda_\mathrm{D}$. Für diese gilt [Dem05]:

$$\Delta\lambda_\mathrm{D} = \frac{\lambda_0}{c_\emptyset}\sqrt{\frac{8k_\mathrm{B}T \cdot \ln 2}{m_\mathrm{T}}}, \tag{2.20}$$

mit der Zentralwellenlänge λ_0 des Übergangs und der Masse des strahlenden Teilchens m_T. Setzt man in Gleichung (2.20) eine für LIBS-Messungen typische Temperatur von 11 000 K ein, so erhält man für die Eisen-II-Ionenlinie bei 273,07 nm eine Doppler-Verbreiterung von 2,7 pm. Bei einer Wellenlänge um 193 nm liegt die Doppler-Verbreiterung von Eisen bei 1,9 pm, die von Kohlenstoff bei 4,2 pm. Das Auflösungsvermögen der für LIBS verwendeten Spektrometer liegt meist im Bereich von einigen Pikometern – also in derselben Größenordnung wie die Doppler-Verbreiterung. Alle Angaben zu Linienbreiten in dieser Arbeit beziehen sich immer auf die volle Halbwertsbreite, FWHM, für engl. Full Width at Half Maximum.

Das insgesamt elektrisch neutrale Plasma setzt sich aus neutralen Atomen sowie positiv geladen Ionen und freien Elektronen zusammen, wobei die geladenen Teilchen elektrische Felder erzeugen. Diese stellen eine Störquelle der Energieniveaus der gebunden Elektronen dar und beeinflussen so das Emissionsverhalten der Atome und Ionen. Der lineare Stark-Effekt führt hierbei zu einer Linienverbreiterung, während der quadratische Stark-Effekt das Emissionsmaximum einer Linie verschiebt. Der erstere Effekt ist u. a. deshalb von Interesse, weil er Rückschlüsse auf die Elektronendichte im Plasma erlaubt, sofern der Einfluss der Stark-Verbreiterung von anderen Verbreiterungsmechanismen abgegrenzt werden kann. Der einfachste Ansatz hierzu ist, die Apparate-Verbreiterung $\Delta\lambda_\mathrm{A}$ des Spektrometers zu messen und von der gemessenen Linienbreite abzuziehen [HO10]. Bei einem solchen Ansatz sollte jedoch geprüft werden, ob die erwartete Doppler-Verbeiterung $\Delta\lambda_{\mathrm{D}}$ gegenüber der Stark-Verbreiterung $\Delta\lambda_{\mathrm{S}}$ vernachlässigt werden kann.

In der Literatur sind numerische Werte für die Stark-Verbreiterung bzw. Verschiebung tabelliert. Die größte angegebene Stark-Verschiebung einer Eisen-Atomlinie beträgt nach [Kon02] für die Fe-I-542,407-Linie mit $-0{,}07\,\text{Å} = -7\,\text{pm}$, bei einer Elektronendichte von $0{,}1 \cdot 10^{17}\,\text{cm}^{-3}$. Ein negatives Vorzeichen bedeutet hierbei, dass die Linie in Richtung kürzerer Wellenlängen verschoben ist. Bei dieser Elektronendichte liegt die Stark-Verbreiterung bei 28 pm. Die Stark-Verbreiterung und -Verschiebung von Eisen-Ionenlinien sind deutlich geringer [AAM14]. Um die Elektronendichte im Plasma zu bestimmen, empfiehlt sich dementsprechend die Auswertung von Atomlinien. Hierbei wird häufig angenommen, dass die Stark-Verbreiterung $\Delta\lambda_{\mathrm{S}}$ proportional zur Elektronendichte n_{e} verläuft. Bei dieser Annahme wird der Einfluss der Ionen auf die Linienbreite näherungsweise vernachlässigt [She+05; CR06]. Unter diesen Annahmen kann die Elektronendichte wie folgt berechnet werden:

$$n_{\mathrm{e}} = \Delta\lambda_{\mathrm{S}} \frac{n_{\mathrm{e},0}}{w_{\lambda}}. \tag{2.21}$$

Hierbei ist w_{λ} der Vergleichswert der Stark-Verbreiterung bei der bekannten Elektronendichte $n_{\mathrm{e},0}$. In der Literatur wird diese Größe auch Stark-Parameter genannt.

2.2.3 Selbstabsorption durch das Plasma

Bisher wurde angenommen, dass das Plasma optisch dünn ist, also zwar Licht emittiert, die Absorption jedoch vernachlässigbar ist. Tatsächlich können Atome und Ionen jedoch auch Licht absorbieren und dabei in einen energetisch höheren Zustand angeregt werden. Diese Selbstabsorption kann sowohl auf das Profil einer Spektrallinie als auch auf deren Intensität einen erheblichen Einfluss haben. Damit ein Photon absorbiert werden kann, muss die Photonenenergie der Energie eines Übergangs des absorbierenden Teilchens entsprechen. Eine solche Selbstabsorption wird also umso wahrscheinlicher je näher die Wellenlänge des Lichts an der Zentralwellenlänge einer Spektrallinie liegt. Die Lichtemission steigt mit der Temperatur – siehe Gleichung (2.2) – sodass im heißen Kern des Plasmas die Emissionsrate pro Teilchen am höchsten ist. Auf dem Weg zum Beobachter passiert das Licht kältere Zonen, wo ein Teil der Strahlung absorbiert wird. Diese Absorption ist umso stärker, je mehr Teilchen dieser Spezies vorhanden sind und je stärker die Wechselwirkung zwischen Licht und Materie ist. „Starke Linien“ mit hohen $g_i A_{if}$, bzw. log(gf)-Werten ermöglichen bei geringen Konzentrationen die besseren Nachweisgrenzen, bei hohen Konzentrationen sind sie jedoch anfälliger für die Selbstabsorption. Durch diese erscheinen die Linien schwächer als erwartet und das Profil wird im Kernbereich abgeflacht – mitunter zeigt sich sogar eine Einkerbung [CR06]. Besonders anfällig sind Resonanzlinien, also Übergänge bei welchen das untere Niveau der Grundzustand des Atoms oder Ions ist [Ism+04]. Der Einfluss der Selbstabsorption auf die Intensität einer Linie kann durch den Faktor f_λ beschrieben werden. Dieser kann Werte zwischen 0 und 1 annehmen. Bei $f_\lambda = 0$ verschwindet die Linie vollständig aus dem Spektrum, bei $f_\lambda = 1$ findet keine Selbstabsorption statt.

Es gibt verschiedene Verfahren, mit denen der Einfluss der Selbstabsorption erkannt oder berücksichtigt werden kann. Eine Möglichkeit ist es, ein Modell für die Absorption in den äußeren Plasmazonen zu entwickeln, um aus der gemessenen Linienform die ungestörte – also nicht durch Selbstabsorption beeinflusste – Linienform zu ermitteln [Ama+03]. In [She+05] wird davon ausgegangen, dass die emittierte Linienbreite $\Delta\lambda_\mathrm{P}$ durch die Stark-Verbreiterung und die Selbstabsorption vorgegeben ist. Die Doppler-Verbreiterung wird also vernachlässigt und die Apparate-Verbreiterung sei aus $\Delta\lambda_\mathrm{P}$ bereits herausgerechnet. Wenn die Elektronendichte n_e und damit die Stark-Verbreiterung $\Delta\lambda_\mathrm{S}$ mit Hilfe von weiteren Linien bestimmt werden kann, so kann der Faktor f_λ bzw. SA, wie er in der zitierten Arbeit [She+05] benannt wird, wie folgt berechnet werden:

$$f_\lambda = \left(\frac{\Delta\lambda_\mathrm{P}}{\Delta\lambda_\mathrm{S}}\right)^{\frac{1}{\alpha}}. \tag{2.22}$$

Die Größe $\alpha = -0{,}54$ wurde dabei aus theoretischen Überlegungen hergeleitet. In der genannten Arbeit wird vorgeschlagen, die Verbeiterung von Wasserstofflinien zur Bestimmung der Elektronendichte zu benutzen. Der Wasserstoff gelangt hierbei über die Luftfeuchtigkeit in das Plasma und ist demnach meist unabhängig von der Probe.

Ein andere Möglichkeit, um den Einfluss der Selbstabsorption auf die Intensität abzuschätzen, ist es die Linie mit schwächeren Linien zu vergleichen. Bei der Temperaturbestimmung über den Boltzmannplot wurde vorausgesetzt, dass das Plasma keine Strahlung absorbiert. Nur wenn diese Bedingung erfüllt ist, ist ein linearer Verlauf von $Y(E_i)$, wie in Gleichung (2.11), zu erwarten. Die Selbstabsorption führt daher zu einer Streuung im Boltzmannplot [Bul+02]. Wenn die Datenpunkte einzelner Linien von der Ausgleichsgeraden abweichen, so ist das ein Indiz dafür, dass diese Linien von Selbstabsorption betroffen sind. Aus dieser Abweichung kann die Selbstabsorption f_λ der betroffenen Linien ermittelt werden, sofern diese in der Minderheit sind [SY09b]. Mit anderen Worten: Auch ohne diese Korrekturrechnung muss der Boltzmannplot dem „wahren" Verlauf bereits recht gut entsprechen.

Im Rahmen dieser Arbeit wurde der Einfluss der Selbstabsorption nicht rechnerisch korrigiert, sondern über eine nichtlineare Analysenfunktion berücksichtigt. Diese Nichtlinearität zwischen Intensität und Konzentration ist ein weiteres Kriterium, um den Einfluss der Selbstabsorption qualitativ zu erfassen. Bei einer zu großen Abweichung von einem linearen Zusammenhang zwischen Analyt-Intensität und seiner Konzentration empfiehlt es sich, eine schwächere Spektrallinie zu betrachten. Die Wahl der Analytlinie ist also dem zu messenden Konzentrationsbereich anzupassen. Bei der Messung einer unbekannten Probe ist die Konzentration naturgemäß a priori unbekannt. Um in diesem Fall sicherzustellen, dass die betrachtete Analytlinie nicht durch Selbstabsorption übermäßig verzerrt ist, kann die Relation zu schwächeren Linien geprüft werden [SY09b].

2.2.4 Plasmen in Kavitäten

Das vom Laser erzeugte Plasma expandiert und kühlt dabei ab. Bei geringem Umgebungsdruck ($p < 1 \cdot 10^{-3}$ mbar) kann dabei der Einfluss des Umgebungsgases vernachlässigt werden [DL11]. Bei Messungen unter Atmosphärendruck wird bereits die Ausdehnung des Plasmas durch die Umgebungsatmosphäre beeinflusst und chemische Reaktionen können auftreten [CCC01; Cir+11; Far+14]. Auch die Art des Umgebungsgases beeinflusst die Plasmaparameter und ihre zeitliche Entwicklung [AA99].

Wenn das Plasma innerhalb einer Kavität erzeugt wird, so wird auch darüber die Expansion des Plasmas eingeschränkt. Eine solche Kavität kann sich durch den Materialabtrag einer LIBS-Messung auf der Probenoberfläche bilden [Vre11]. In anderen Arbeiten [Wan+12; SZQ14] wurden Kavitäten benutzt, um Stärke und Stabilität der Intensität zu erhöhen. Die dabei eingesetzten Kavitäten hatten Durchmesser von 1,5–6 mm und waren ein Teil des experimentellen Aufbaus. Sie kamen also nicht durch Materialabtrag zustande. Zeitaufgelöste Messungen der Linienintensität [Guo+13] zeigen, dass die Stoßwelle des Plasmas an den Wänden einer halbkreisförmigen Kavität reflektiert wird und die Plasmazone komprimiert und nacherhitzt. Am deutlichsten zeigte sich dieser Effekt bei einem Kavitätsdurchmesser von $D = 5\,\mathrm{mm}$. Bei $D = 4\,\mathrm{mm}$ wurde zwar eine längere Lebensdauer des LIBS-Plasmas gemessen, der Einfluss der reflektierten Stoßwelle vermischt sich jedoch mit der Plasmaerzeugung durch den Laserpuls. Bei $D = 20\,\mathrm{mm}$ konnte 30 µs nach dem Laserpuls ein LIBS-Signalanstieg durch die rücklaufende Stoßwelle gemessen werden [She+07]. Die Beobachtung des Plasmas erfolgte dabei in „end-on“ Anordnung. Die optische Achse des Beobachtungsstrahlengangs verlief also antiparallel zum Laserstrahlengang. Eine ortsabhängige Untersuchung des Plasmas ist mit in dieser Anordnung nicht möglich.

Um Plasmaparameter wie Temperatur und Elektronendichte innerhalb einer Kavität messen zu können, wurden von Mao et. al [Mao+04] entsprechende Versuche an Quarzglasproben durchgeführt. Bei transparentem Probenmaterial kann auch das Laserplasma innerhalb der Kavität „side-on“, also senkrecht zum Laserstrahl beobachtet werden. Die Durchmesser der präparierten Kavitäten lagen bei 80–490 µm also deutlich unter denen der zuvor zitierten Arbeiten. Innerhalb einer Kavität mit 80 µm Durchmesser und 480 µm Tiefe wurden kurz nach der Erzeugung des Plasmas höhere Temperaturen gemessen, als bei einer flachen Oberfläche. Die Plasmen in der Kavität kühlen jedoch schneller ab, sodass dort nur während der ersten 200–300 ns höhere Temperaturen beobachtet werden. Beobachtet man das Plasma jedoch oberhalb der Probenoberfläche (Abstand zur Bohrung 0,2 mm), so ist keine beschleunigte Abkühlung aber dennoch eine erhöhte Temperatur zu beobachten, wenn das Plasma in einer Kavität erzeugt wird. Dieser Fall ist für die Praxis relevanter, da das Plasma innerhalb der Kavität bei den meisten Proben nicht von der Seite beobachtet werden kann. Ähnliche Versuche wurde von Corsi et al. [Cor+05] an angebohrten Kupferproben durchgeführt. Der Durchmesser der Bohrungen lag dabei einheitlich bei 1 mm, die Tiefe der Bohrungen bei 1 mm oder 1,5 mm. Die Plasmen, die in den Bohrungen erzeugt wurden, wurden mit denen von einer flachen Oberfläche verglichen. Weitgehend unabhängig vom zeitlichen Abstand zum Laserpuls oder dem räumlichen Abstand zur Probe wurden die höchsten LIBS-Intensitäten dabei bei einer Kratertiefe von 1 mm gemessen. Das entspricht einem Aspektverhältnis von 1, also deutlich weniger als das Aspektverhältnis von 6, welches sich bei den Versuchen von Mao et al. als optimal erwiesen hatte.

Aus den genannten Veröffentlichungen kann keine einheitliche Empfehlung für einen aus geometrischer Sicht optimalen Abtragsschritt zur Probenvorbehandlung abgeleitet werden, dazu unterscheiden sich die vorgestellten Versuche zu stark. Allen Autoren gemein ist jedoch die Feststellung, dass das Plasmaverhalten signifikant davon abhängt, ob das Plasma frei in den Halbraum expandieren kann oder durch eine Kavität begrenzt wird und dass durch eine definierte Einengung des Plasmavolumens höhere Temperaturen bzw. höhere LIBS-Intensitäten erreicht werden können. Dieser Aspekt muss in der Verfahrensentwicklung im Rahmen dieser Arbeit daher mit berücksichtigt werden. Ein weiterer Parameter ist die Wechselwirkung zwischen Laserstrahl und Probe selbst. In den vorgestellten Arbeiten wurde diese jeweils einheitlich gehalten, in dem die Kavitäten entsprechend präpariert wurden. Dabei wurde sichergestellt, dass der Laserstrahl auf eine ebene Fläche der Probe fokussiert wird, auch wenn sich diese innerhalb einer Kavität befindet. Wenn die Kavität durch den Laserabtrag einer LIBS-Messung entsteht, ist im Allgemeinen nicht davon auszugehen, dass die Geometrie der Probe an der Wechselwirkungsfläche unverändert bleibt. Wenn sich mit zunehmendem Abtrag die Plasmaparameter ändern, so können diese Änderungen nicht alleine auf eine Veränderung des Plasmavolumens zurückgeführt werden, sondern können auch von veränderten Absorptionseigenschaften hervorgerufen werden.

3 Deckschichtbildung an Blockoberflächen

In diesem Kapitel sollen die wesentlichen Prozesse, die zur Entstehung nicht-repräsentativer Deckschichten auf Stranggussblöcken führen, beschrieben werden. Das Stranggussverfahren ist dadurch gekennzeichnet, dass das flüssige Metall über einen Verteiler in eine nach unten offene Gießform „Kokille“ gelangt. Innerhalb der wassergekühlten Kokille erstarrt die Schale des Strangs, während der Kern zunächst flüssig bleibt. Nach dem Verlassen der Kokille wird der Strang weiter gekühlt und von einem Rollengerüst weitergeführt. Wenn der Strang an der so genannten Sumpfspitze vollständig erstarrt ist, kann er in einzelne Blöcke zerlegt werden, z. B. mit einer Brennschneidanlage. Die Prozesse, die zur Bildung von Deckschichten führen, können in zwei Kategorien eingeteilt werden: zum einen die chemische Wechselwirkung des Stahls mit seiner Umgebung, zum anderen metallurgische Vorgänge innerhalb des Strangs während der Erstarrung. Im nächsten Produktionsschritt, dem Warmwalzen, werden diese Blöcke zu Blechen, Profilen und Ähnlichem weiterverarbeitet [Bol+11].

3.1 Oxidbildung an der Oberfläche

Sobald der erstarrende Strang oder die vereinzelten Blöcke mit dem Sauerstoff aus der Luft oder anderen oxidierenden Medien in Berührung kommen, bildet sich eine Oxidschicht, der sog. Zunder. Da diese Zunderschicht Metall und Atmosphäre voneinander trennt, verlangsamt sich die Oxidation. Unter den Annahmen, dass die Wachstumsrate umgekehrt proportional zur bereits vorhandenen Schichtdicke y ist und zum Zeitpunkt $t = 0$ keine Oxidschicht vorhanden war, ergibt sich das parabolische Wachstumsgesetz:

$$(y(t))^2 = k_y t. \tag{3.1}$$

Dieses wurde bereits im Jahr 1920 von Gustav Tamman beschrieben [Tam20], der in dieser Arbeit das Modellsystem Silber/Joddampf untersuchte. Die Wachstumsrate der Zunderschicht k_y hängt von vielen Faktoren ab, insbesondere von der Temperatur, der Zusammensetzung des Metalls und der Beschaffenheit der Atmosphäre. In vielen experimentellen Untersuchungen wird sie jedoch nicht direkt aus der Zunderschichtdicke bestimmt. Stattdessen wird das Gewicht der Probe vor und nach der Oxidation gemessen. Die Kenngröße der Verzunderung ist dann der Massenzuwachs pro Flächeneinheit der Oberfläche [Che03]. Auch dieser folgt einem Parabelgesetz, analog zu Gleichung (3.1), welches in dieser Form erstmals im Jahr 1923 formuliert wurde [BP23]. Um den Massenzuwachs in eine Oxidschichtdicke umzurechnen oder umgekehrt, muss die Dichte des Oxids bekannt sein. Im Fall von Eisen wird eine solche Umrechnung durch den Umstand erschwert, dass Eisen je nach Temperatur unterschiedliche Oxide bildet. Bei Temperaturen bis 570 °C bilden sich zwei Schichten. An den der Luft zugewandten Seiten bildet sich eine Schicht aus Hämatit Fe_2O_3, dahinter eine Schicht aus Magnetit Fe_3O_4. Bei Temperaturen über 570 °C entsteht hinter der Magnetitschicht eine weitere Schicht aus Wüstit FeO [Ber13]. In [Che03] wurden zahlreiche Arbeiten zum Zunderwachstum ausgewertet und versucht, aus den bestehenden Arbeiten eine einheitliche Wachstumsrate $k_y(T)$ zu ermitteln. Diese ist in Bild 3.1 (links) für Reineisen und die Stahlgüte AISI-1006 dargestellt. Bei dieser Stahlgüte (deutsche Werkstoffnummer z. B. 1.0313) handelt es sich um einen niedriglegierten Stahl, der bis zu 0,08 M.–% Kohlenstoff und 0,25–0,4 M.–% Mangan enthält [WW13].

In der Literatur wird angenommen, dass sich etwa 70 % des Zunders auf Stranggussblöcken innerhalb der ersten fünf Minuten nach der Erstarrung bildet, während die Strangoberfläche von etwa 1200 °C auf 700 °C abgekühlt wird [Mar05]. Die Schichtdicken in Bild 3.1 (rechts) entsprechen der Dicke, die sich rechnerisch innerhalb dieser Zeitspanne nach dem Gesetz des parabolischen Wachstums bei konstanter Temperatur bilden würde. Bei einer Temperatur von 1200 °C ergibt sich eine Zunderschichtdicke von etwa 360 µm für Reineisen und 144 µm für AISI-1006. In dieser Rechnung wurde vernachlässigt, dass sich das Zunderwachstum infolge der Abkühlung verlangsamt, sodass diese Werte eher als obere Grenzen anzusehen sind. Allerdings begünstigt die Abkühlung auch eine Poren- und Rissbildung in der Zunderschicht, die in k_y nicht erfasst wird. Diese erleichtern der Atmosphäre den Zugang zur Metalloberfläche und beschleunigen daher das Zunderwachstum [Ber13]. Experimentell bestimmte Zunderdicken auf Stranggussblöcken liegen zwischen 60 µm und 500 µm [Mar05].

Ein Analyseverfahren für verzunderte Stahlblöcke muss also auf eine Bandbreite von möglichen Zunderschichtdicken ausgelegt werden. Prinzipiell kann auch der Zunder mit LIBS untersucht werden, um Rückschlüsse auf das Grundmaterial zu ziehen. Jedoch wurde bereits gezeigt, dass solche Messungen deutlich weniger Aussagekraft haben, als wenn am freigelegten Grundmaterial gemessen wird [Del+16].

Rostschichten, die während einer längeren Lagerung entstehen können werden an dieser Stelle nicht weiter betrachtet. Die jährliche Wachstumsrate der Rostschicht auf unlegiertem Stahl liegt je nach den klimatischen Bedingungen meistens unter 100 µm, kann jedoch auf Werte über 3900 µm ansteigen [Hou00]. Als typischer Zahlenwert der zitierten Arbeit für die Verrostung unter gemäßigten Klimabedingungen sei die Wachstumsrate einer Probe aus London genannt; diese lag bei 46 µm pro Jahr.

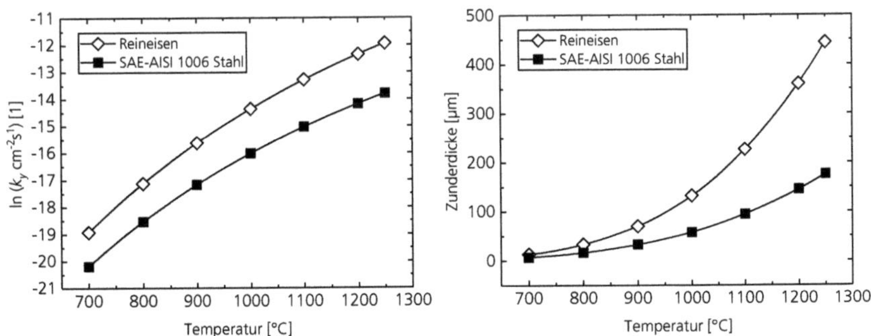

Bild 3.1: Links: Temperaturabhängigkeit des parabolischen Wachstumskoeffizienten k_y nach [Che03] in logarithmischer Darstellung. Rechts: Zunderschichtdicke, die sich rechnerisch bei einer Oxidationszeit von 5 Minuten bei konstanter Temperatur aus diesen k_y-Werten ergeben würde.

3.2 Seigerung während der Erstarrung

Die Löslichkeit eines Legierungselements in einer Matrix hängt im Allgemeinen davon ab, ob die Matrix in fester oder flüssiger Phase vorliegt. Bei der Erstarrung einer Schmelze kommt es daher zu Entmischungen, je nachdem ob sich die Elemente bevorzugt im erstarrten Material anreichern oder in der Schmelze bleiben. Diese Entmischungen werden Seigerungen genannt. An der Phasengrenze gilt die Beziehung $c_\mathrm{S} = kc_\mathrm{L}$ [Sah99]. Hierbei ist c_S die Konzentration des gerade erstarrten Materials, c_L die Konzentration in der Schmelze und k der Verteilungskoeffizient. Der Kehrwert des Verteilungskoeffizienten wird als Seigerungskoeffizient bezeichnet. Je höher der Seigerungskoeffizient ist, desto stärker reichert sich das Legierungselement in der Schmelze an. Beispiele für Legierungselemente mit $k^{-1} > 1$, die sich in einer Stahlschmelze anreichern, sind Chrom und Vanadium, im Gegensatz dazu stehen Silizium und Nickel, deren Konzentrationen in der Schmelze bei einer Erstarrung absinken [Has03]. Bei diesen Elementen gilt $k^{-1} < 1$. Bei $k^{-1} = 1$ unterscheiden sich die Löslichkeiten zwischen fester und flüssiger Phase nicht, sodass keine Seigerungseffekte auftreten. Typische Werte der Seigerungskoeffizienten k^{-1} einiger Elemente sind in Tabelle 3.1 zusammengefasst.

Unterschieden wird zwischen Mikro- und Makroseigerungen. Mikroseigerungen beschreiben Inhomogenitäten, die an den Grenzen der einzelnen Körner im Metallgefüge auftreten. Typische Werte für die Korngrößen sind hierbei 15-30 µm [Tot07]. Diese Inhomogenitäten spielen im Rahmen dieser Arbeit keine Rolle, da sie deutlich kleiner als der minimale Fokusdurchmesser des Laserstrahls sind. Inhomogenitäten, die sich über viele Einzelkörner erstrecken, werden als Makroseigerungen bezeichnet. Deren Ausdehnung kann den Fokusdurchmesser übersteigen, sodass die Seigerung das Messergebnis signifikant beeinflussen kann.

Das Material einer Schmelze erstarrt von außen nach innen. Eine Anreicherung in der Schmelze bedeutet also, dass in den äußeren Bereichen des erstarrten Materials eine geringere Konzentration des Legierungselements vorliegt, im Kern hingegen eine höhere. Um die Seigerungseffekte mathematisch zu beschreiben, wird oft das Modell der „normalen Erstarrung“ herangezogen. Dabei wird eine eindimensionale, zunächst flüssige Probe der Länge L betrachtet, durch welche die Phasengrenze zwischen Schmelze und erstarrtem Material mit konstanter Geschwindigkeit v bewegt wird. Es wird angenommen, dass die Konzentration des Legierungselement zu

Tabelle 3.1: Typische Werte für den Seigerungskoeffizienten k^{-1} für verschiedene Stahllegierungselemente [Has07]

Element	Mo	Ti	V	Cr	P	Mn	Si	Co	Ni	Cu
k^{-1}	25	24,8	12,9	11,3	2	1,7-6,5	0,6	0,3	0,3	0,1

Beginn der Erstarrung überall in der Probe bei c_D liegt. Das zuerst erstarrende Material (bei $z = 0$) hat die Konzentration $c_S(0) = kc_\mathrm{L}$. Die Größe z bezeichnet hierbei den Abstand zwischen der Fest/Flüssig-Grenzfläche und dem Rand der Probe. Je nachdem, welche weiteren Annahmen zu den Transportmechanismen wie Konvektion und Diffusion gemacht werden, ergeben sich unterschiedliche Konzentrationsverläufe während und nach der Erstarrung.

Im Diffusionsmodell von Tiller et. al (1953) [Til+53] wird davon ausgegangen, dass in der Schmelze eine endliche Diffusion, aber keine Konvektion vorliegt. Außerdem wird angenommen, dass im Festkörper keine Diffusion stattfindet. Bei $k < 1$ reichern sich die Legierungselemente an der Phasengrenze lokal an, bis das erstarrende Material die Konzentration c_D aufweist, bzw. die lokale Konzentration der Schmelze $c_\mathrm{L}(z) = \frac{c_\mathrm{D}}{k}$ erreicht hat. Über die Diffusion wandert diese lokale Anreicherung mit der Erstarrungsfront durch die Probe, bis deren physikalisches Ende die Diffusion limitiert. Die Konzentration in der Schmelze steigt ab diesem Zeitpunkt weiter an. Wenn die Konzentration im Festkörper die Löslichkeit übersteigt, so bildet sich bei der Erstarrung eine zweite Phase. In Bild 3.2 (links) ist das Konzentrationsprofil nach der Erstarrung sowie die $c_\mathrm{L}(z)$ an der jeweiligen Phasengrenze und eine „Momentaufnahme" von $c(z)$ schematisch dargestellt. Abgesehen von zwei dünnen Randschichten am Anfang und am Ende der Probe entspricht die Konzentration im erstarrten Material der mittleren Konzentration c_D. Die Dicke der Randschichten beträgt etwa $\delta_c \approx \frac{2D_\mathrm{L}}{v}$, dabei ist D_L die Diffusionskonstante des Legierungselements in der Schmelze. Die Konzentration c_S im Festkörper in Abhängigkeit von z berechnet sich näherungsweise mit:

$$c_\mathrm{S}(z) = \begin{cases} c_\mathrm{D}\left[1 - (1-k) \cdot \exp\left(\frac{-kvz}{D_\mathrm{L}}\right)\right] & \text{für } z < \frac{L}{2}, \\ c_\mathrm{D}\left[1 + \left(\frac{1-k}{k}\right) \cdot \exp\left(\frac{-kv(L-z)}{D_\mathrm{L}}\right)\right] & \text{für } z \geq \frac{L}{2}. \end{cases} \quad (3.2)$$

Nach dem Diffusionsmodell nähert sich die Konzentration $c_\mathrm{S}(z)$ vom Rand zur Mitte also exponentiell an die mittlere Konzentration c_D an. Es wurde außerdem angenommen, dass mit $\delta_c \ll L$ die Dicke der Randschicht deutlich kleiner ist, als die Probenlänge. Anderenfalls verläuft Gleichung (3.2) bei $z = \frac{L}{2}$ unstetig.

Im Gegensatz zum Modell von Tiller et al. geht das Scheilmodell davon aus, dass die Diffusion in der Schmelze unendlich hoch ist, sodass sich kein Konzentrationsgradient bilden kann. Die An- bzw. Abreicherung an der Grenzfläche zwischen fester und flüssiger Phase verteilt sich dementsprechend auf die gesamte verbleibende Schmelze. Zu Beginn der Erstarrung steigt die Konzentration (bei $k < 1$) an der Grenzfläche nur langsam an. Gegen Ende divergiert sie, weil sich die Legierungselemente in der Schmelze immer weiter anreichern, während die Matrix immer weiter erstarrt. Die Konzentration im Festkörper berechnet sich nach der Scheilgleichung [Sch42] mit:

$$c_\mathrm{S}(z) = kc_\mathrm{D} \cdot \left(1 - \frac{z}{L}\right)^{(k-1)} . \tag{3.3}$$

Der Verlauf der Seigerung nach dem Scheilmodell ist in Bild 3.2 (rechts) dargestellt. Für eine ausführliche Herleitung von (3.2) und (3.3) sei auf [Sah99] verwiesen.

Das Modell von Burton et al. [BPS53] berücksichtigt neben der (endlichen) Diffusion auch die Konvektion der Schmelze. Je nachdem, welchen Annahmen für die Konvektion getroffen werden, können damit beide Verläufe beschrieben werden. Bei einer sehr starken Konvektion verteilen sich die Legierungselemente gleichmäßig in der Schmelze und es gilt die Scheil-Gleichung. Je schwächer die Konvektion ist, desto ähnlicher ist der Verlauf dem Diffusionsmodel von Tiller et al. Gemäß dem Modell der normalen Erstarrung wäre eine geringe Konvektion, also eine Erstarrung die dem Tillerschen Modell folgt, in vielen Fällen wünschenswert. Abgesehen von den Bereichen an Beginn und Ende der Erstarrung stimmt hier die Konzentration im Festkörper mit der über das gesamte Volumen gemittelten Konzentration c_D überein. Eine Konvektion, die eine lokale Anreicherung in der Schmelze verteilt und somit in den zuletzt erstarrten Bereich verschiebt, erscheint dem Ziel von möglichst gleichmäßigen Werkstoffeigenschaften nicht förderlich. Dennoch kann beim Stranggussverfahren ein elektromagnetisches Rühren der Schmelze während der Erstarrung einer ausgeprägten Mittellinienseigerung entgegen wirken [Ber13]. Hier ist zu beachten, dass die Annahmen des Modells der normalen Erstarrung nicht erfüllt sind. Im kontinuierlichen Stranggussverfahren ist das Material niemals vollständig erstarrt, solange der Verteiler der Anlage nachgefüllt wird. Selbst bei einer unendlich hohen Diffusion oder Konvektion kann die Konzentration in der Schmelze nur bis auf $c_L = \frac{c_D}{k}$ ansteigen. Ab diesem Punkt hat das erstarrende Material die Konzentration $c_S = c_D$ was dazu führt, dass die Legierungselemente in denselben Mengen zugegeben werden, wie sie im erstarrten Material die Anlage verlassen. Es hat sich also, trotz unendlich hoher Durchmischung, ein stationärer Zustand gebildet, ähnlich wie nach dem Modell von Tiller et al. In diesem Fall hat der erstarrte Strang, über das gesamte Profil betrachtet, überall dieselbe Konzentration. Wenn Rühren und Konvektion jedoch die lokale Anreicherung nicht vollständig ausgleichen können, kommt es zur einer Entmischung des Materials, analog wie bei

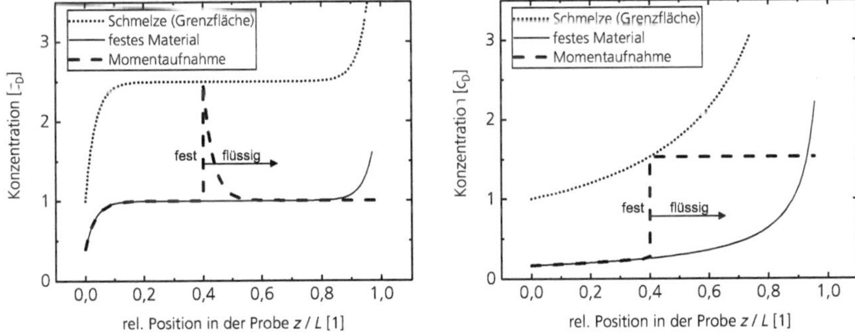

Bild 3.2: Schematische Seigerungsverläufe bei $k < 1$ nach dem Modell der normalen Erstarrung einer Schmelze mit Ausgangskonzentration c_D. Die durchgezogene Linie zeigt den Konzentrationsverlauf in der Probe nach der Erstarrung, die gepunktete Linie die Konzentration in der Schmelze an der Grenzfläche zum Zeitpunkt der Erstarrung. Die strichlierte Linie zeigt eine Momentaufnahme der Konzentrationsverteilung in der Probe die zu 40 % erstarrt ist. Links: Seigerung bei endlicher Diffusion, nach Tiller et al. Rechts: Seigerung nach Scheil-Gleichung; keine Diffusion im Festkörper, unbegrenzte Diffusion in der Schmelze.

der normalen Erstarrung. Diese führt zu einer metallischen Deckschicht an der Oberfläche des Gussstrangs mit abweichender Zusammensetzung. Um das Grundmaterial messen zu können, müssen diese Deckschichten entfernt werden.

3.3 Kohlenstoffanteil der Randschicht

Bei ausreichend hohen Temperaturen kann der im Stahl vorhandene Kohlenstoff mit dem Umgebungsgas, z. B. dem Luftsauerstoff reagieren. Die gasförmigen Reaktionsprodukte CO und CO_2 entweichen in die Atmosphäre, sodass der Kohlenstoff aus dem Material entfernt wird. Über die Diffusion kann weiterer Kohlenstoff aus dem Inneren des Materials in die Randschichten gelangen und dort oxidiert werden. Neben dem Sauerstoffanteil der normalen Umgebungsluft wirken auch weitere Gase oxidierend, z. B. Kohlenstoffdioxid welches mit dem Kohlenstoff aus dem Stahl zu Kohlenmonoxid reagiert [Has07]. Auch Wasserdampf und Wasserstoff können zu einer Entkohlung beitragen [Pur82]. Eine Randschichtentkohlung tritt oberhalb einer Temperatur von etwa 700 °C auf; bei geringeren Temperaturen dominiert die Oxidation des Eisens, was zu einer Erhöhung der Kohlenstoffkonzentration führt [Che03; Ber13]. Wie bereits erwähnt, bildet sich etwa 70 % des Eisenoxids in der Zeit, in der das Material auf 700 °C abkühlt [Mar05] – in dieser Zeit überwiegt die Entkohlung. Die Entkohlungstiefen bei Stranggussblöcken soll im Folgenden anhand veröffentlichter Daten abgeschätzt werden. In [Hao+09] wird eine Stahlprobe mit 0,8 M.–% Kohlenstoff in einem Ofen unter Luftatmosphäre entkohlt. Bei einer Temperatur von 1200 °C bildet sich innerhalb von 30 Minuten eine partiell entkohlte Schicht von 510 µm Dicke. Für diese Versuche wurden Stahlproben in einem Ofen bei konstanter Temperatur entkohlt und anschließend metallographisch untersucht. Die Bedingungen beim Stranggussverfahren lassen schwächere Entkohlungen erwarten. Eine Temperatur von 1200 °C hat das Material nur unmittelbar nach der Erstarrung und die Abkühlung auf unter 700 °C erfolgt in ungefähr fünf Minuten. Eine Randschichtentkohlung von 510 µm kann daher als Obergrenze für die atmosphärisch bedingte Entkohlung angesehen werden. Die Dicke der entkohlten Schicht hängt auch von den weiteren Legierungselementen ab. So wird die Entkohlung durch Silizium begünstigt, durch Chrom jedoch verringert [Ber13].

Im Gegensatz zur Entkohlung durch die umgebende Atmosphäre kann an den Außenflächen des Gussstrangs auch eine Aufkohlung durch das Gießpulver erfolgen. Dieses dient als Trenn- und Schmiermittel zwischen Strang und Kokille. Eine weitere Aufgabe des Gießpulvers ist es, den Strang von der Atmosphäre zu trennen und damit die Oxidation zu verlangsamen. Das Aufschmelzverhalten des Gießpulvers wird unter anderem über den Kohlenstoffanteil des Pulvers gesteuert. Allerdings kann Kohlenstoff aus dem Gießpulver in den Stahl gelangen und so zu einer Aufkohlung der Oberfläche führen, die insbesondere bei Stählen mit sehr niedrigem Kohlenstoffgehalt unerwünscht ist [Deb+00]. Die maximale Aufkohlungstiefe wird mit bis zu 2 mm angegeben [Val+03], wobei bereits in Tiefen von 0,5–1,0 mm die gemessene Kohlenstoffkonzentration weitgehend der im Grundmaterial entsprach. Die Aufkohlung selbst schwankte dabei, je nach den konkreten Bedingungen, zwischen 0,05 M.–% bis hin zu etwa 1,0 M.–%.

Wenn die Zusammensetzung eines unbekannten Blockes analysiert werden soll, so ist im Allgemeinen auch unbekannt, welches Gießpulver verwendet wurde. Der Kohlenstoffgehalt der Randschicht kann daher geringer oder auch höher sein, als im Grundmaterial je nachdem welche Effekte letztendlich dominiert haben. Wenn die Blöcke mit einer Brennschneidanlage getrennt werden, so kann auch dieser Vorgang den Kohlenstoffgehalt an der entstehenden Grenzfläche beeinflussen. Je nach den Schneidbedingungen und der Position auf der Grenzfläche kann es zu einer Auf- oder Entkohlung kommen [Dil05]. Die Effekte führen in Summe dazu, dass der Kohlenstoffgehalt an den Grenzflächen schwerer vorherzusagen ist, als für Elemente die nur von der Makroseigerung betroffen sind. Bei diesen kann zumindest eine Aussage darüber getroffen werden, ob die Seigerung zu einer Erhöhung oder Verringerung der Elementkonzentration führt.

4 Experimenteller Aufbau

In diesem Kapitel wird der Versuchsaufbau beschrieben, der als Funktionsmuster konstruiert ist. Mit diesem können sowohl gesägte Proben im Labormaßstab als auch ganze Walzblöcke unter industriellen Bedingungen im Walzwerk analysiert werden. Im letzteren Fall wird das Funktionsmuster seitlich am Rollgang positioniert, auf dem die Blöcke zur Walzstraße transportiert werden. Die Fahrt der Blöcke erfolgt in Etappen, zwischen den einzelnen Abschnitten verweilen die Blöcke an definierten Wartepositionen. Die Analyse erfolgt in einer solchen Stillstandsphase. Wird eine Verwechslung erkannt, kann der Block an einer folgenden Warteposition entnommen werden. Auf diese Weise ist eine Analyse der Blöcke im laufenden Produktionsbetrieb möglich.

4.1 Anordnung der Komponenten

Da die Lage der Blöcke auf dem Rollgang variiert, ist das Funktionsmusters auf einen variablen Messabstand ausgelegt. Nach dem Halt des Rollgangs wird eine Messlanze bis an den Block herangefahren und die Analyse durchgeführt. Anschließend wird die Messlanze wieder eingefahren und der Rollgang freigegeben. Um das mit der Messlanze zu bewegende Gewicht möglichst gering zu halten, sind Laserstrahlungsquelle und Spektrometer nicht im beweglichen Teil des Aufbaus platziert. Laserstrahl und Beobachtungsstrahlengang werden kollimiert und parallel durch die Messlanze geführt, sodass bei unterschiedlichen Abständen zwischen Block und Funktionsmuster gemessen werden kann. In Bild 4.1 ist die Strahlführung schematisch dargestellt. Das Laserlicht wird zunächst zweimal umgelenkt, um Position und Richtung des Laserstrahls justieren zu können. Der Spiegel M2 kann über Servomotoren in beiden Achsen verkippt werden, um den Laserstrahl auch im laufenden Betrieb verstellen zu können. Hinter diesem Spiegelkipper befindet sich eine 1:3-Strahlaufweitung, die aus den Linsen L1 und L2 besteht. Diese stellt das letzte Teil vor der verfahrbaren Messlanze dar. Das erste optische Bauteil in der Messlanze ist ein Prisma K1, welches den Laserstrahl um etwa 12° ablenkt. Die Linse L3 fokussiert den Laserstrahl auf das Messobjekt MO, wobei die Strahltaille $\Delta s = +5\,\text{mm}$ innerhalb des Messobjekts liegt. Der Durchmesser des Laserstrahls auf dessen Oberfläche beträgt einige hundert Mikrometer. Diese Einstellung von Δs hatte sich im Rahmen von Vorversuchen bewährt, die nicht in dieser Arbeit gezeigt werden. Bei geringeren Δs-Werten wird zwar pro Laserpuls mehr Material abgetragen, auf der anderen Seite werden die LIBS-Signale instabiler.

Die vom Plasma emittierte Strahlung kann über zwei Strahlengänge beobachtet werden, was die gleichzeitige Verwendung verschiedener Spektrometersysteme ermöglicht. Der Direktlichtkanal N verläuft dabei senkrecht zur Oberfläche des Messobjekts. Das Plasmalicht wird von der Linse L4 kollimiert, welche sich auch im beweglichen Teil der Messlanze befindet. Im festen Teil des Aufbaus befindet sich die Linse L5, die das Licht in das Paschen-Runge-Spektrometer einkoppelt. Der zweite Beobachtungsstrahlengang F der Messlanze führt zu einem SMA-Glasfaseranschluss. Auf diesen wird das Plasmalicht von den Linsen L6 und L7 gebündelt.

Die räumliche Anordnung der optischen Achsen der einzelnen Strahlengänge ist in Bild 4.2 (links) dargestellt. Der Direktlichtkanal N verläuft senkrecht zur Oberfläche des Messobjekts MO. Der Laserstrahlengang LS und der zweite Beobachtungskanal F verlaufen in einem Winkel von 12° zu N. Auch der Winkel zwischen F und LS beträgt 12°. Der Radius R gibt an, wie weit der Laserstahl ausgelenkt ist. Bei $R = 0\,\text{mm}$ verläuft der Laserstrahl mittig auf der optischen Achse des Laserstrahlengangs.

Die beschriebene Anordnung der Strahlengänge wurde zunächst in einem Laboraufbau getestet und später auf das Funktionsmuster übertragen. Die Ergebnisse dieser Arbeit wurden mit beiden Aufbauten gewonnen. Die experimentellen Parameter der beiden Versionen unterscheiden sich vor allem in der Brennweite der Linse L3 und der Art und Weise, wie die Gasspülung an der Messobjektoberfläche realisiert ist.

Bei ersten Laborversuchen wurde ein Winkel $\alpha_{\mathrm{G}} \approx 45°$ über eine einzelne Argon-Düse eingestellt. Die Messlanze des Funktionsmusters ist in Bild 4.2 (rechts) abgebildet. Bei dieser kann die Gasspülung über zwei Düsen geschaltet werden. Eine befindet sich im Inneren der Messlanze. Das dort eingebrachte Argon verlässt die Messlanze an der Austrittsöffnung parallel zur Oberflächennormalen. Eine zweite Gasdüse sitzt außen an der Messlanze. Diese erzeugt eine „Querströmung“, also eine Strömung

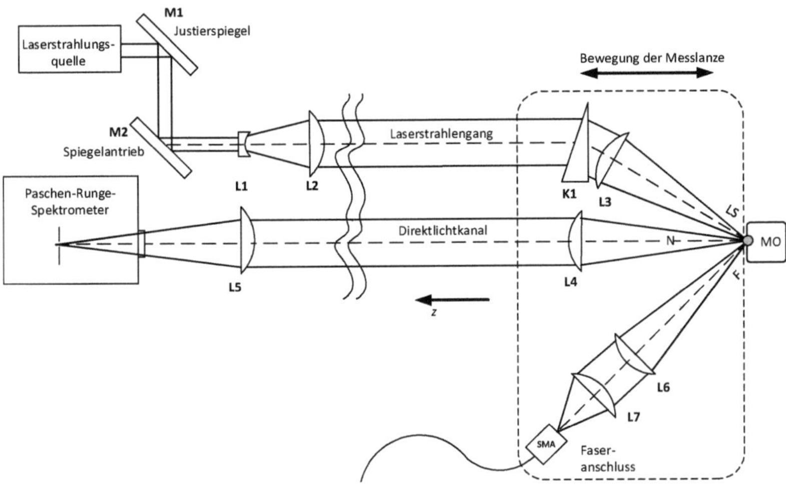

Bild 4.1: Schematischer Verlauf der Strahlengänge und Anordnung der Komponenten. Die beiden Beobachtungsstrahlengänge ermöglichen die gleichzeitige Verwendung zweier Spektrometersysteme. Rechts sind optischen Komponenten der mechanisch beweglichen Messlanze eingerahmt. Um eine Überlappung der Strahlengänge zu vermeiden, sind die Winkel nicht maßstabsgerecht wiedergegeben. Der Strahlengang zum SMA-Faseranschluss liegt nicht in einer Ebene mit dem einfallenden Laserstrahl und dem Direktlicht-Beobachtungskanal, vgl. Bild 4.2

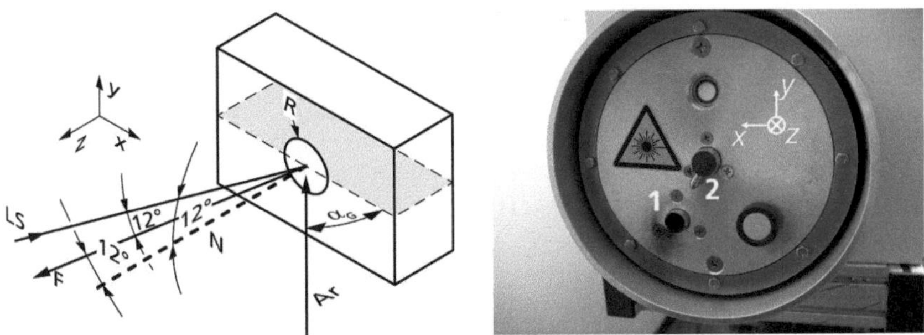

Bild 4.2: Links: Strahlengänge am Messobjekt; mit Laserstrahlung LS, Direktlichtkanal N und Strahlengang F zum SMA-Faseranschluss. Rechts: Frontansicht der Messlanze, in eingefahrenem Zustand. (1) Austrittsöffnung für die Strahlengänge. (2) Gasdüse für Querströmung. Der Außendurchmesser der beweglichen Messlanze beträgt 170 mm.

die senkrecht zum Direktlichtkanal N verläuft. Im ausgefahrenen Zustand befindet sich die im rechten Bild gezeigte Frontfläche der Messlanze ca. 12 mm vor der Oberfläche des Messobjekts. Details zum Einfluss der Gasströmung sind im Abschnitt A.2 im Anhang beschrieben, die jeweiligen Parameter der einzelnen Messungen im Abschnitt A.3.

Der Aufbau des Funktionsmusters ist in Bild 4.3 dargestellt. Alle fest eingebauten optischen Komponenten, wie Laserstrahlungsquelle, Paschen-Runge-Spektrometer, Messlanze etc. sind in zwei Gehäusen auf einem Wagen positioniert. Im etwas größeren, dem Optikgehäuse, sind Laserstrahlungsquelle und Spektrometer eingebaut. Im kleineren befinden sich vor allem die mechanischen Komponenten zum Ein- und Ausfahren der Messlanze. Die Position des fasergekoppelten Spektrometers kann im Rahmen der Faserlänge flexibel gewählt werden. Das im Bild nicht sichtbare Czerny-Turner Spektrometer kann aufgrund seiner Größe innerhalb der Gehäuse positioniert werden, das Echelle-Spektrometer jedoch nur außerhalb des Aufbaus. Die Peripherie des Paschen-Runge-Spektrometers, wie Vakuum-Pumpe, Temperiereinheit etc. befindet sich unter dem Optikgehäuse. Der als Steuerrechner genutzte PC sowie das Lasernetzteil befinden sich in einem weiteren Schaltschrank, der nicht in Bild 4.3 dargestellt ist.

Wenn kleine Proben gemessen werden sollen, so wird die zu messende Probe in eine Halterung eingespannt, an welche die Messlanze herangefahren wird. Die in dieser Arbeit vorgestellten Messungen sind auf diese Weise durchgeführt worden. Die Messlanze wurde hierbei zwischen den Messungen nicht bewegt. Wenn am Rollgang ganze Blöcke analysiert werden, muss die Messlanze nach jeder Messung eingefahren werden, um eine Kollision mit dem bewegten Block auszuschließen. Der gesamte Verfahrweg der Lanze beträgt etwa 280 mm. Für eine Messung wird die Lanze typischerweise auf 220-270 mm ausgefahren.

4.2 Laserstrahlungsquelle

Als Laserstrahlungsquelle wurde ein gütegeschalteter Nd:YAG Laser mit einer Zentralwellenlänge von 1064 nm verwendet. Bei diesem „Spitlight Hybrid“ Laser der Firma Innolas wird der zeitliche Verlauf der Laserpulse

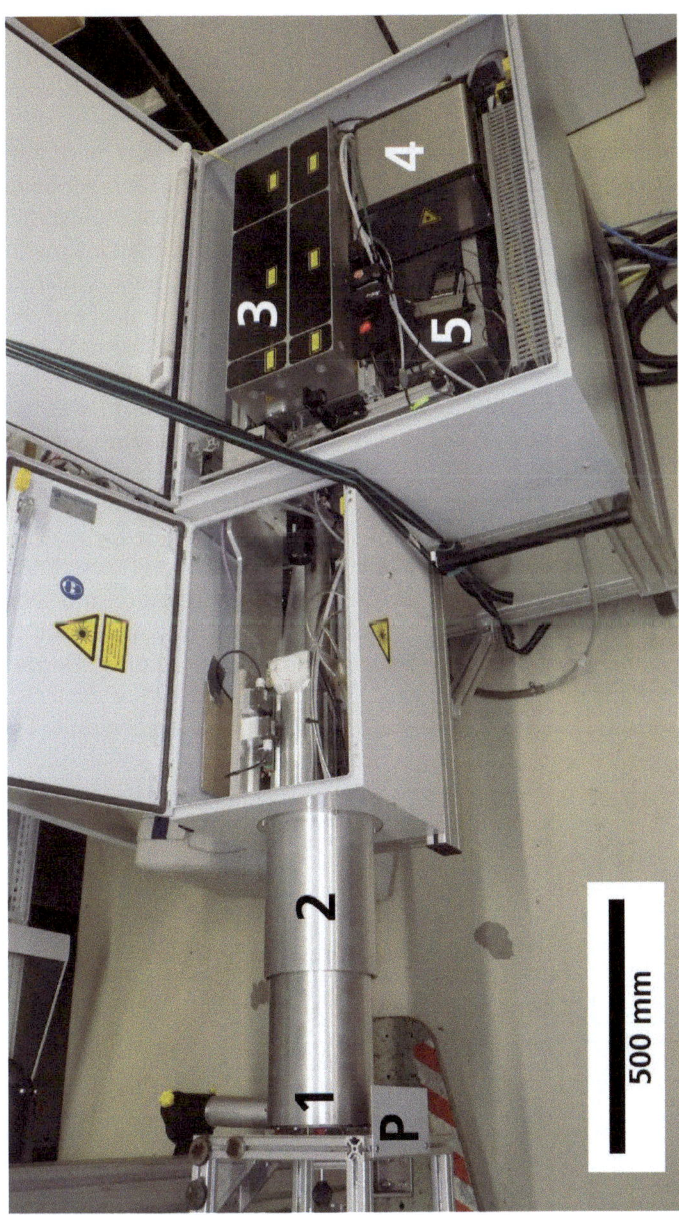

Bild 4.3: Aufbau des Funktionsmusters. (1) beweglicher und (2) fester Teil der Messlanze, (3) Laserstrahlungsquelle und (4) Pockelzellentreiber. Das Paschen-Runge-Spektrometer (5) sitzt unter der Laserstrahlungsquelle. Die Messlanze ist an die Probenhalterung (P) herangefahren.

vom diodengepumpten Resonator vorgegeben. Von einem blitzlampengepumpten, zweiten Nd:YAG Kristall werden die Laserpulse nachverstärkt. Über 80 % der Pulsenergie werden auf diese Weise außerhalb des Resonators erzeugt.

Der Laser kann Einzel- oder Doppelpulse emittieren, die sich beide zum Erzeugen von LIBS-Plasmen eignen. In dieser Arbeit sind jedoch keine Messungen mit Einzelpulsen durchgeführt worden, weil Doppelpulse sich in vielen Untersuchungen als vorteilhaft erwiesen hatten [SSN95; Col+02; HO12; Kha13]. Der Betriebsmodus in welchem nur Doppelpulse emittiert werden, wird im Folgenden als DPO-Modus, engl. „double pulse-only“, bezeichnet. Um den Materialabtrag zu erhöhen, ist es möglich jedem Doppelpuls einen Reinigungspulszug vorzuschalten. Dieser besteht aus einer Gruppe von etwa 10 Laserpulsen, die einen zeitlichen Abstand von 9 µs zueinander haben. Durch die Verteilung der Pulsenergie auf eine Vielzahl kleinerer Pulse kann die Abschirmung durch das Laserplasma reduziert werden, was zu einem effizienteren Materialabtrag führt [SSN95; Ayd+10; Löb+06; Cab+11; Wer14]. Dieser Betriebsmodus wird im Folgenden als CM, engl. für „cleaning-mode“, bezeichnet.

Bild 4.4 zeigt die Energieverteilung von Reinigungspluszug und Doppelpuls, gemessen mit einer RC-integrierten Photodiode (Abfallzeit ca. 0,3 µs). Der Dynamikbereich dieser Photodiode ist dazu geeignet, Doppelpuls und Reinigungspulszug zu erfassen. Daher kann mit dieser gemessen werden, wie sich die Energie auf die einzelnen Pulsgruppen verteilt. Da-

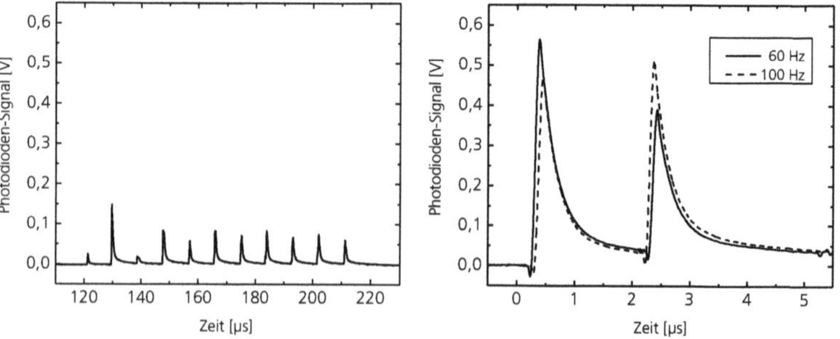

Bild 4.4: Exemplarische Messung der zeitlichen Pulsprofile der Laserstrahlungsquelle. Links: Reinigungspulszug bei 60 Hz. Rechts: Doppelpuls bei 60 Hz (CM) und 100 Hz (DPO) Repetitionsrate.

zu wurde angenommen, dass das zeitlich integrierte Signal proportional zur Pulsenergie ist. Die typischen Pulsenergien und die entsprechenden Maximalintensitäten sind in Tabelle 4.1 zusammengefasst. Dabei wurde vereinfachend angenommen, dass die Bestrahlungsstärke innerhalb des Fokus mit dem Durchmesser $D = 300\,\mu\mathrm{m}, A = 7{,}1 \cdot 10^{-4}\,\mathrm{cm}^2$ konstant ist. Die Anstiegszeit des Signals liegt bei den Doppelpulsen bei ca. 30 ns und bei den Reinigungspulsen bei etwa $\tau_{\mathrm{RP}} \approx 355\,\mathrm{ns}$. Diese Zeiten werden im Folgenden als Pulsdauern interpretiert. Zur Kontrolle wurden die Pulszüge mit einer „DET10“ Photodiode (Thorlabs) untersucht. Die Anstiegs- und Abfallzeit dieser Photodiode liegt, bei einem Lastwiderstand von $50\,\Omega$, bei ca. 1 ns. Wie in Bild 4.5 dargestellt, unterliegt das Verhalten der Laserstrahlungsquelle in diesem Betriebsmodus erheblichen Fluktuationen; die einzelnen Pulse im Reinigungspulszug können sehr unterschiedliche Formen haben und teilweise selbst Pulsgruppen darstellen. Die einzelnen Diagramme enthalten jeweils einen Schaltvorgang der Pockelszelle, sodass jeder dieser Verläufe als „einzelner Puls“ betrachtet wird. Werden diese Verläufe in grober Näherung als Gaussprofile angesehen, so ergibt sich eine mittlere Halbwertsbreite von 350 ns, bei einer Standardabweichung von 161 ns. Die angenommene Breite $\tau_{\mathrm{RP}} \approx 355\,\mathrm{ns}$ der einzelnen Laserpulse, die den Reinigungspulszug bilden, ist daher plausibel, kann jedoch nur einen Richtwert darstellen.

Die Bestrahlungsstärke des Messobjekts wurde nach der Formel $I = \frac{E}{A\tau}$ berechnet. Die maximale Bestrahlungsstärke durch den Reinigungspulszug liegt in der Größenordnung der Schwelle zum Sublimationsabtrag von $I \leq 10^8\,\mathrm{Wcm}^{-2}$, vgl. Abschnitt 2.1. Daher ist anzunehmen, dass ein nennenswerter Anteil des Materials in der Schmelzphase abgetragen wird. Anders als bei den Reinigungspulsen liegen die Bestrahlungsstärken der Doppelpulse über $I \geq 10^9\,\mathrm{Wcm}^{-2}$. In diesem Fall wird das Material größtenteils direkt verdampft und ein nennenswerter Anteil der Laserstrahlung wird vom Plasma absorbiert. Die Energien der Doppelpulse sind bei 100 Hz und 120 Hz Repetitionsrate nahezu identisch.

Tabelle 4.1: Typische Daten der einzelnen Laserpulsgruppen bei verschiedenen Betriebsmodi. E_1, E_2 Einzelpulsenergie ($E_{DP} = E_1 + E_2$); I Bestrahlungsstärke. Rahmenbedingungen: Fokusdurchmesser $D = 300\,\mu m$, Pulslänge der Doppelpulse $\tau_{1,2} \approx 30\,ns$, Pulslänge der Einzelpulse $\tau_{RP} \approx 355\,ns$, ein Reinigungspulszug besteht aus $N_{RP} \approx 10$ Einzelpulsen. Die Bestrahlungsstärke I_{RP} ist auf den einzelnen Puls umgerechnet, E_{RPZ} bezieht sich auf den gesamten Reinigungspulszug ohne den folgenden Doppelpuls.

Rep. Rate [Hz]	P[W]	E_{RPZ} [mJ]	E_1 [mJ]	E_2 [mJ]
100 Hz (DPO)	42	-	201	219
120 Hz (DPO)	52	-	203	231
60 Hz (CM)	61	661	196	160

Rep. Rate [Hz]	P[W]	I_{RP} [GWcm^{-2}]	I_1 [GWcm^{-2}]	I_2 [GWcm^{-2}]
100 Hz (DPO)	42		9,50	10,31
120 Hz (DPO)	52		9,56	10,87
60 Hz (CM)	61	0,26	9,23	7,52

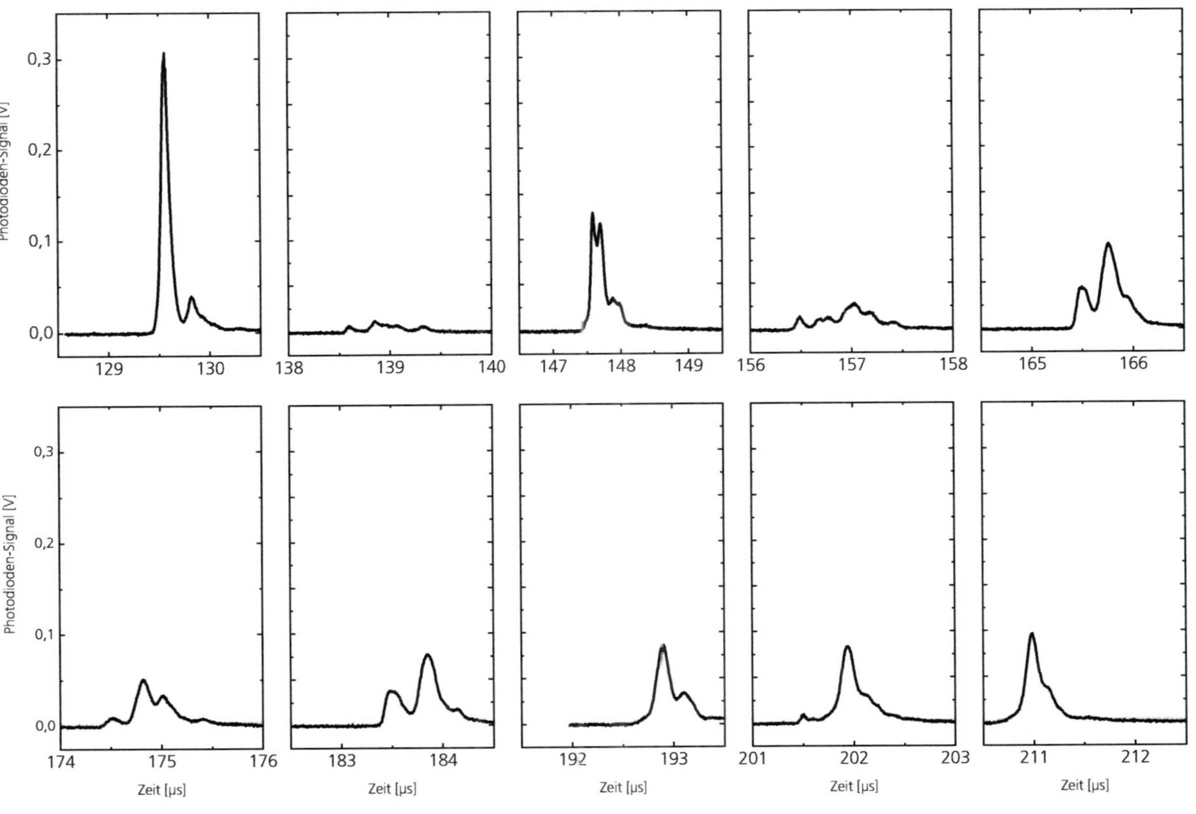

Bild 4.5: Zeitlicher Verlauf der einzelnen Pulse eines exemplarischen Reinigungspulszugs

Die Blitzlampe kann bis zu 120 mal pro Sekunde gezündet werden. Wenn der Laser im DPO-Modus betrieben wird so liegt die maximale Repetitionsrate dementsprechend bei 120 Hz. Wenn der Reinigungspulszug zugeschaltet wird, so wird die Blitzlampe zweimal pro Zyklus gezündet – einmal für den Reinigungspulszug und einmal für den darauf folgenden Doppelpuls. Im CM-Modus liegt daher die maximale Repetitionsrate bei 60 Hz.

4.3 Strahlauslenkung

Der Bereich, in welchem die Laserstrahlung Material von der Probe ablatiert, hat einen Durchmesser von 300–600 µm und liegt damit in derselben Größenordnung, wie die erwarteten Dicken der Zunderschichten. Um mit dem Laserstrahl breitere Krater zu erzeugen, wird der Fokuspunkt über das Material bewegt, z. B. in konzentrischen Ringen mit variabler Größe. Der Spiegel M2, siehe Bild 4.1, ist daher beweglich ausgeführt und wird von einem PC gesteuert. Die Bewegungsmuster werden als Skripte programmiert und von der Ablaufsteuerung gestartet und gestoppt.

Limitierend für die Auslenkung aus der Nulllage sind die Linse L3 und das Keilprisma K1. Selbst bei maximaler Auslenkung sollen keine Leistungsverluste an den Rändern der Optiken auftreten. Das ist einerseits im Hinblick auf einen effizienten Abtrag wichtig, vor allem aber um Beschädigungen an den Optiken durch Nebenplasmen oder ähnliche Randeffekte zu verhindern. Die Aperturen der Strahlaufweitung sind hierbei unkritisch, da diese nur etwa 30 mm vom bewegten Spiegel entfernt ist. Der Abstand zwischen der Laserstrahlmitte und der optischer Achse (der Linse L3) ist umso größer, je weiter die Lanze ausgefahren und je größer die Auslenkung ist. Ohne Auslenkung soll der Laserstrahlengang mittig durch alle Optiken verlaufen und sich mit den Beobachtungsstrahlengängen in einem Punkt schneiden.

Wie sich die Auslenkung aus dieser Nulllage heraus auf die Fokuslage auf der Probenoberfläche auswirkt, kann mit dem Programm Zemax [Zem10] abgeschätzt werden. Für das simulierte Szenario wurden folgende Annahmen getroffen:

- ein Strahldurchmesser von 8 mm vor der 1:3 Aufweitung,
- die Divergenz wird vernachlässigt,

- die Auslenkungen des Spiegelkippers: 0°; ±0,40°; ±0,75°, jeweils um beide Achsen,
- die Messlanze ist maximal ausgefahren,
- die Strahltaille innerhalb der Probe ist ca. 5 mm von der Oberfläche entfernt.

Bild 4.6 zeigt die simulierten Strahlquerschnitte beim Eintritt in die Fokussierlinse L3 (links) und an der Probenoberfläche (rechts). Bei einer Auslenkung von ±0,75° ist deutlich erkennbar, dass das Strahlprofil beschnitten wird und daher nur ein Teil des Strahls auf die Probe gelangt. Auf der Probenoberfläche beträgt die Auslenkung rund 3,4 mm. Bei einer Auslenkung von ±0,40° bleibt der Strahl vollständig in der Apertur der Fokussierlinse. Bei einer solchen Auslenkung wird der Fokus auf der Probenoberfläche um etwa 1,8 mm verschoben, ohne dass Leistung an den Rändern von Prisma oder Fokussierlinse verloren geht. Bei dieser Auslenkung hat auch die Position der Messlanze keinen merklichen Einfluss die simulierten Fokusbilder auf der Probenoberfläche (nicht dargestellt).

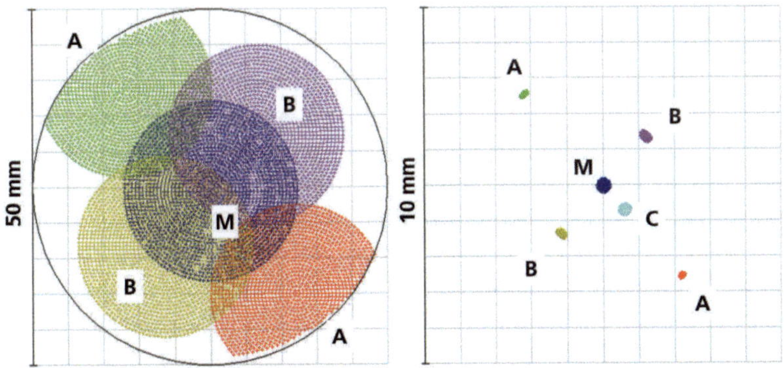

Bild 4.6: Zemax Modellierung des Laserstrahlengangs für unterschiedliche Auslenkungen und einer freien Apertur von 50 mm an der Linse L3. Auslenkung A: ±0,75°, B: ±0,40°, C: 0,2° jeweils um beide Achsen, Auslenkung M: keine Auslenkung. Links: Strahlprofile an der Fokussierlinse. Rechts: Fokusbilder auf der Probenoberfläche, ca. 5 mm vor dem Fokus.

Um die tatsächliche Bewegung des Laserfokus auf der Probenebene zu messen, wurde die Bewegung des Helium-Neon-Pilotlasers mit einem USB-Mikroskop verfolgt. Mit dieser Kalibrierung können die Winkeleinstellungen der Steuersoftware in die exakte Position des Laserstrahls umgerechnet werden. Eine Betrachtung des Nd:YAG-Strahlprofils mit einem Beamfinder bei reduzierter Leistung zeigte jedoch, dass es bereits ab einer Auslenkung von 0,91 mm zu Abschattungen kommt. Um einen gewissen Sicherheitsabstand einzuhalten, wurde die maximale Auslenkung bei voller Leistung auf 0,80 mm festgelegt. Dieser Grenzwert für die maximale Auslenkung entspricht etwa der Hälfte der 1,8 mm, die sich nach der Zemax-Simulation als unkritisch erwiesen hatten. Eine plausible Erklärung für diese Abweichung sind ungenaue Annahmen für die Simulation. So wurde z. B. die Divergenz des Laserstrahls vor der Aufweitung vernachlässigt. Diese führt, zusammen mit den Abbildungsfehlern der Linsen, zu einem Strahldurchmesser von etwa 30 mm anstelle der angenommenen 24 mm. Hinzu kommt, dass im Experiment als Nulllage des Laserstrahls die Einstellung betrachtet wurde, in welcher sich Laserstrahl und Direktlichtkanal an der Probenoberfläche schneiden. Daher ist anzunehmen, dass der Laserstrahl, bedingt durch Justierfehler in dieser Einstellung nicht exakt mittig durch die Optiken verläuft. Beide Effekte, also der größere Strahldurchmesser und der Versatz der Nulllage, führen dazu, dass weniger Raum für die Auslenkung zur Verfügung steht.

Um den Einfluss der Auslenkung auf die Bestrahlungsstärke des Messobjekts abzuschätzen, wurde eine Auslenkung um 0,2° simuliert, Fall C in Bild 4.6. Diese Auslenkung entspricht auf der Probenoberfläche einem Versatz von ca. 0,90 mm und übersteigt daher den festgelegten Maximalwert von 0,80 mm. Die Strahldurchmesser auf der Objektoberfläche im Fall C und im Fall M (keine Auslenkung) unterscheiden sich um weniger als 10 %. Auch die Verformung des Strahlfokus durch Abbildungsfehler ist bei dieser Auslenkung kaum erkennbar. Es wird daher im Folgenden angenommen, dass die tatsächlich durchgeführte Auslenkung von $\leq 0{,}80$ mm keinen Einfluss auf die Bestrahlungsstärke des Messobjekts hat.

4.4 Spektrometersysteme

4.4.1 Paschen-Runge-Spektrometer

In dem Funktionsmuster ist ein Spektrometer in Paschen-Runge-Anordnung integriert. Dieses wurde von der OBLF-GmbH für die Funkenemissionsspektrometrie (OES) entwickelt und in einigen Details für das LIBS-Verfahren angepasst. Bei einem Paschen-Runge-Spektrometer wird das Licht hinter dem Eintrittsspalt von einem Gitter in seine spektralen Anteile zerlegt und diese auf die Detektoren abgebildet. Das Gitter ist hierbei ein Reflexionsgitter, welches sphärisch konkav gekrümmt ist. Eintrittsspalt, Gitter und Detektoren sind auf einem Kreis angeordnet, siehe Bild 4.7. Der Radius dieses so genannten Rowlandkreises [Row83] entspricht hierbei dem halben Krümmungsradius des Konkavgitters, was der „Gitter-Brennweite“ entspricht. Als Detektoren können sowohl CCD-Zeilen als auch Photomultiplier (PMT) eingesetzt werden. Bei PMTs gelangt das Licht durch einen Austrittsspalt auf den Detektor. Die Position dieses Spalts auf dem Rowlandkreis bestimmt die zu messende Wellenlänge, wobei der spektrale Bereich durch die Breite des Spaltes vorgegeben wird. Ein Vorteil einer PMT-Konfiguration ist die Möglichkeit, den zeitlichen Integrationsbereich flexibel zu wählen und über eine solche Torschaltung, engl. Gating, die kontinuierlichen Anteile der Plasmastrahlung weitestgehend auszublenden. Da PMT-Detektoren bei hoher Empfindlichkeit ein geringeres Rauschen als Halbleiter-Detektoren aufweisen [Paw12], können mit solchen Spektrometern etwas bessere Nachweisgrenzen erzielt werden. Da jede Spektrallinie von einem einzelnen PMT detektiert wird, ist es auch möglich, die Verstärkung der einzelnen Detektoren an die erwarteten spektralen Intensitäten anzupassen. Insbesondere, wenn viele Elemente gleichzeitig gemessen werden sollen, ist eine solche Einstellbarkeit vorteilhaft [Nol+01].

Werden eindimensionale CCD-Zeilen als Detektoren entlang dem Rowland-Kreis angeordnet, wie in Bild 4.7 dargestellt, so entspricht jedes Pixel einer Wellenlänge, bzw. einem kleinen Wellenlängenintervall. Das Spektrum wird also quasi-kontinuierlich gemessen. Auf diese Weise können nicht nur spektral integrierte Linien gemessen werden, es ist auch möglich, die Profile einzelner Linien zu untersuchen. Welche Spektrallinien ausgewertet werden können, wird nicht bereits vor der Messung über die Positionierung der Detektoren festgelegt. Allerdings kann hier keine flexible Verstärkung angewandt werden, auch ein Gating ist mit solchen Detektoren – je nach Modell – nicht immer möglich oder für jede Zeile einheitlich. Um möglichst viele Materialien untersuchen zu können, wurde das hier verwendete Spektrometer als CCD-Spektrometer ausgelegt. Insgesamt befinden sich 13 CCD-Zeilen mit nominell je 2080 Pixeln auf dem Rowlandkreis. Die verwendete Elektronik unterstützt kein Gating. Die Integrationszeit erstreckt sich daher über den kompletten Doppelpuls und den gesamten Zerfall des Laserplasmas.

Die maximale Rate, mit welcher die Messwerte aller Pixel digitalisiert und ausgelesen werden können beträgt etwa 30 Hz. Bei einer Laser-Repetitionsrate von 100 Hz können daher nicht alle Spektren vollständig übertragen werden. Um die zu übertragenden Datenmengen (bei festgelegter Repetitionsrate) zu reduzieren, gibt es mehrere Möglichkeiten: So kann die Anzahl der übertragenen Pixel reduziert werden, indem nur ausgewählte Bereiche des Spektrums übertragen werden. Diese sogenannten ROIs, englisch für Regions of Interest, müssen bereits vor der Messung

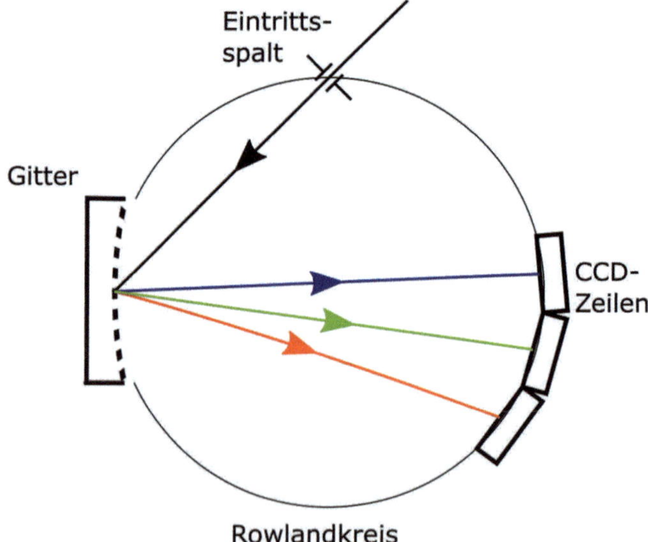

Bild 4.7: Schematischer Aufbau eines Spektrometers in Paschen-Runge-Anordnung mit CCD-Zeilen als Detektoren

festgelegt werden. Informationen, die nicht in dem übertragenen Teilspektrum enthalten sind, gehen daher verloren. Bei einer Frequenz von 100 Hz kann etwa ein Drittel aller Pixel ausgewertet werden. Eine Alternative zur Einschränkung des Spektralbereichs ist es, mehrere Messungen vor der Übertragung zu addieren, sodass entsprechend seltener Daten übertragen werden. Dadurch wird zwar die Erkennung von Ausreißern erschwert, im Hinblick auf die Verfahrensentwicklung müssen jedoch keine Pixel – und damit möglicherweise interessante Linien – a priori aussortiert werden. Die einzelnen Messdaten können dabei entweder vor oder nach der Digitalisierung aufsummiert werden. Um die Messungen von Teil- und Vollspektren besser vergleichen zu können, empfiehlt es sich jedoch, die Messungen digital zu summieren. Die Belichtung und das Auslesen der Sensoren sowie die Digitalisierung der Pixelwerte erfolgt dann unabhängig vom verwendeten Messmodus. Die in dieser Arbeit vorgestellten Spektren des Paschen-Runge Spektrometers bestehen aus je 15 digital aufsummierten Plasmaereignissen.

4.4.2 Echelle-Spektrometer

Alternativ zum im vorigen Abschnitt beschriebenen Paschen-Runge Spektrometer wurde ein fasergekoppeltes Echelle-Spektrometer vom Typ ESA 4000 der Firma LLA Instruments verwendet. Dieses wurde am SMA-Anschluss an der Messlanze, siehe Bild 4.1 angeschlossen.

Hauptmerkmal eines Echelle-Spektrometers ist, dass hier höhere Beugungsordnungen $n \gg 5$ genutzt werden, um eine hohe spektrale Auflösung zu erreichen. Da das spektrale Auflösungsvermögen durch das Produkt von Beugungsordnung und der Anzahl der beleuchteten Gitterstriche vorgegeben wird, ist es auf diese Weise auch mit vergleichsweise wenigen Gitterstrichen möglich, eine hohe Auflösung zu erreichen. Ein Problem der hohen Ordnungen ist jedoch, dass der Wellenlängenunterschied zwischen benachbarten Ordnungen geringer ist und die einzelnen Ordnungen daher auf dem Detektor überlappen. Michelson hat bereits 1898 vorgeschlagen, ein Prisma als zusätzliches dispersives Element für die Aufspaltung der einzelnen Ordnungen zu nutzen, was in der verwendeten eindimensionalen Anordnung jedoch den messbaren Spektralbereich stark einschränkte [Mic98]. Der bei modernen Spektrometern genutzte Ansatz, um einen weiten Spektralbereich ohne Überlapp messen zu können, ist das Licht in zwei unterschiedliche Achsen aufzuspalten [BF97]. Hierbei wird das

Spektrum auf einen zweidimensionalen Detektor abgebildet. Der Strahlengang eines solchen Echelle-Spektrometers ist in Bild 4.8 dargestellt. Die einzelnen Pixelspalten auf dem Detektor enthalten jeweils nur eine Beugungsordnung, welche vom Gitter auf die einzelnen Zeilen aufgefächert wird. Das Auflösungsvermögen des Prismas muss dabei ausreichend sein, um Überlappungen im Gitterspektrum zu vermeiden. Aufgrund des insgesamt komplexeren Aufbaus und der damit einhergehenden Fragilität werden solche Spektrometer eher in Laboranwendungen eingesetzt. Dennoch sind bereits industrielle Anlagen mit Echelle-Spektrometern im Einsatz [Stu+14; Leg+02].

Der Detektor des verwendeten Echelle-Spektrometers enthält einen MCP-Bildverstärker. Über diesen Verstärker kann die Signalstärke den zu messenden Lichtintensitäten angepasst und der zeitliche Integrationsbereich definiert werden. Das Pockelszellen-Signal der Laserstrahlungsquelle triggert das Spektrometer. Um eine bessere Vergleichbarkeit mit den Daten des Paschen-Runge-Spektrometers sicherzustellen, wurde bei den meisten Messungen in dieser Arbeit über den gesamten Zerfall des Plasmas integriert.

Die mit dem Echelle-Spektrometer gemessene Breite von LIBS-Linien soll später benutzt werden, um die Elektronendichte zu bestimmen. Daher wird in diesem Abschnitt die Apparateverbreiterung des Echelle-Spektrometers betrachtet. Diese wurde mit Hilfe einer Quecksilberdampflampe gemessen. Die Linienbreiten liegen bei diesen Lichtquellen typischerweise unter 1 pm [LOT07], sodass die gemessene Linienbreite von der Apparateverbreiterung bestimmt wird. Bild 4.9 zeigt exemplarisch zwei Quecksilberlinien. Die Halbwertsbreiten der angefitteten Lorentzprofile betragen 23 pm bei 404 nm und 33 pm bei 546 nm.

4.4.3 Czerny-Turner-Spektrometer

Bei einem Czerny-Turner-Spektrometer wird das Licht wie bei einem Paschen-Runge-Spektrometer an einem Gitter in niedriger Ordnung gebeugt. Anders als beim Paschen-Runge-Spektrometer wird hier jedoch ein planes Gitter verwendet. Das Licht wird hinter dem Eintrittsspalt von einem Hohlspiegel kollimiert und trifft danach auf das Gitter. Ein weiterer Hohlspiegel bildet das gebeugte Licht auf den Austrittsspalt oder einen ortsauflösenden Detektor ab. Diese Anordnung ist in Bild 4.10 skizziert. Czerny und Turner haben im Jahr 1930 hierzu eine symmetrische Anord-

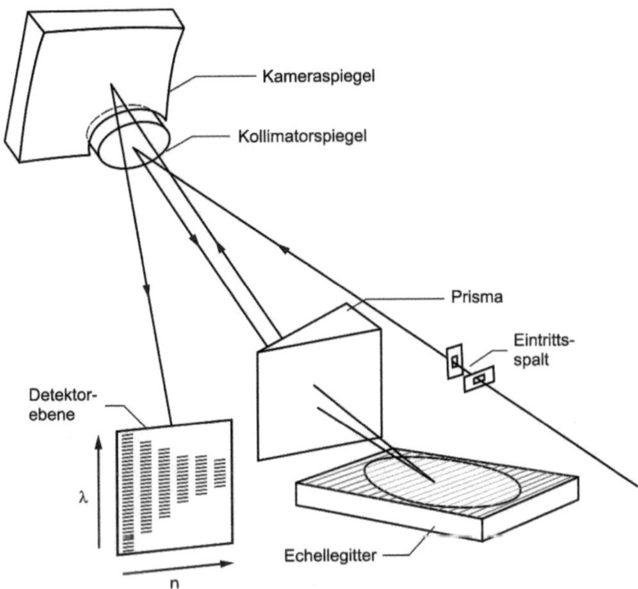

Bild 4.8: Schematischer Strahlengang eines Echelle-Spektrometers. Das Licht durchläuft zwei Eintrittsspalte und wird von einem Prisma und einem Echelle-Gitter in seine spektralen Komponenten zerlegt. Auf dem zweidimensionalen Detektor entsprechen die Spalten der Beugungsordnung n und die Zeilen der Wellenlänge λ. Bildquelle: [Nol12]

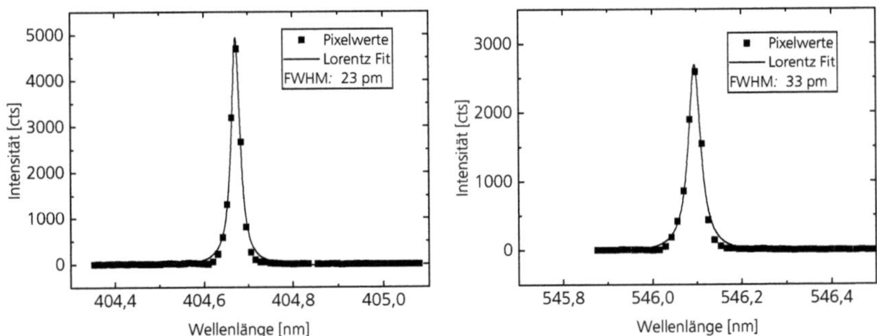

Bild 4.9: Zwei Quecksilberlinien zur Bestimmung der Apparate-Verbreiterung des Echelle-Spektrometers. Die Datenpunkte entsprechen den Zählraten der einzelnen Pixel, an welche ein Lorentzprofil angefittet wurde.

nung der Spalte und Spiegel empfohlen [CT30], da bei dieser die geringsten Abbildungsfehler beobachtet wurden. In diesen Versuchen wurde kein dispersives Element, wie z. B. ein Gitter oder ein Prisma eingesetzt, sondern vielmehr untersucht, wie sich das Licht aus einem Spalt kollimieren und wieder möglichst scharf abbilden lässt. Die Czerny-Turner-Anordnung ermöglicht Spektrometer in kompakter Bauweise [Nee08]. Wenn das Gitter den einzigen Symmetriebruch der Anordnung darstellt, wird über die Drehung des Gitters eingestellt, welche Wellenlänge über den Austrittsspalt auf den Detektor fällt. Wenn in dieser Weise ein Spektrum aufgenommen wird, so werden die einzelnen Wellenlängen also nicht gleichzeitig gemessen, sondern nacheinander. Für eine LIBS-Anwendung heißt das, dass Analyt- und Referenzmessung nicht von demselben Plasmaereignis stammen können. Anstelle eines Austrittsspalts können zwar mehrere oder ortsauflösende Detektoren verwendet werden, was jedoch weitere Abbildungsfehler mit sich bringt. Ein Nachteil der Czerny-Turner-Anordnung

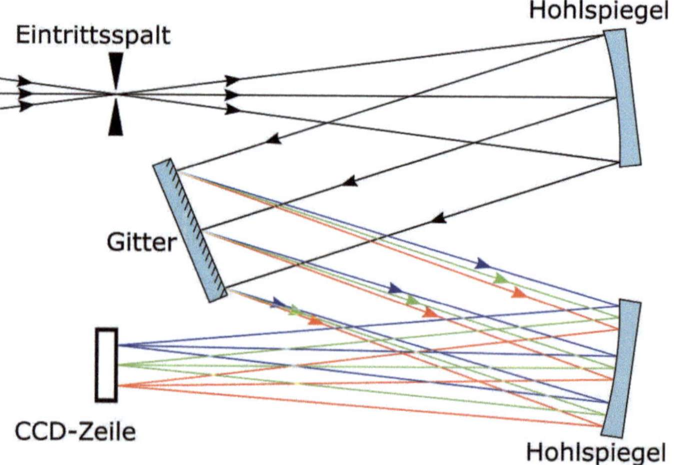

Bild 4.10: Schematische Darstellung eines Czerny-Turner Spektrometers. Bildvorlage: [Mel10], von Bob Mellish freundlicherweise unter CC-Lizenz veröffentlicht. Änderung: CCD-Zeile statt Austrittsspalt, Beschriftung

bleibt daher, dass der simultan messbare Wellenlängenbereich bei gleicher Auflösung kleiner ist, als bei einer Paschen-Runge-Anordnung. In dieser Arbeit wurde ein fasergekoppeltes Czerny-Turner-Kompaktspektrometer verwendet. Der messbare Wellenlängenbereich liegt bei diesem Gerät zwischen 177 nm und 209 nm. Ausgewertet wurde jedoch nur der Bereich um 193 nm zur Kohlenstoffanalyse.

4.5 Ablauf einer Prüfsequenz

Die Prüfsequenzen dieser Arbeit bestehen aus ein oder zwei Phasen, die in diesem Abschnitt beschrieben werden. Der Ablauf der einzelnen Phasen wird vom Steuerrechner vorgegeben, dieser steuert die Laserstrahlungsquelle, die Strahlauslenkung und das Paschen-Runge-Spektrometer. Das Czerny-Turner- und das Echelle-Spektrometer werden zwar über das Pockelszellen-Signal der Laserstrahlungsquelle getriggert, sind ansonsten jedoch nicht in die Ablaufsteuerung eingebunden und werden manuell konfiguriert. Daher starten diese Spektrometer mit Beginn der Laseremission die Datenaufzeichnung, beim Paschen-Runge-Spektrometer wird diese vom Steuerrechner mit einer Verzögerung von fünf Sekunden gestartet. Bei allen Spektrometern endet die Datenaufzeichnung mit dem Ende der Laseremission.

Bei einer vollständigen Prüfsequenz, siehe Bild 4.11, wird zuerst eine

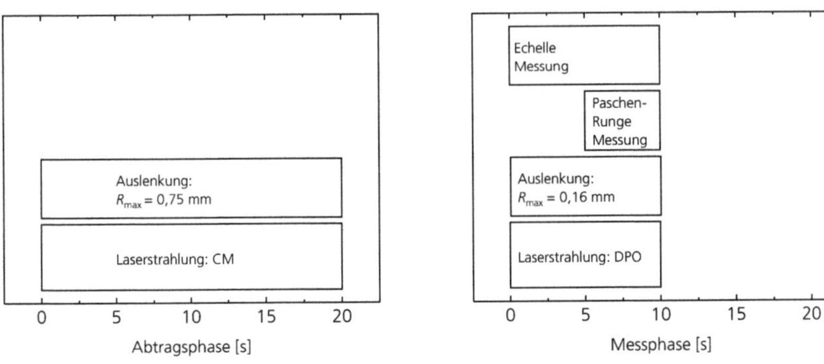

Bild 4.11: Schematischer Ablauf von Abtragsphase (links) und Messphase (rechts) mit typischen Parametern

Abtragsphase durchgeführt, um die nicht-repräsentativen Deckschichten zu entfernen. Bei diesem Schritt wird die Laserstrahlungsquelle typischerweise im Reinigungsmodus (CM) betrieben. Der Laserstrahl wird in dieser Phase mit bis zu $R_{\text{max}} = 0{,}75\,\text{mm}$ vergleichsweise weit ausgelenkt, um den Bereich um die spätere LIBS-Messstelle großflächig von Deckschichten zu befreien. In der zweiten Phase, der Messphase, wird die Laserstrahlungsquelle grundsätzlich im DPO-Modus betrieben, also ohne Reinigungspulszug. In dieser Phase werden typischerweise die LIBS-Daten aufgenommen. Die Auslenkungen sind in der Messphase auf $R_{\text{max}} \leq 0{,}16\,\text{mm}$ begrenzt.

Wenn nur einer dieser Schritte isoliert betrachtet wird, könnte dieser sowohl als Abtrags- als auch als Messphase angesehen werden: Auch wenn die Laserstrahlungsquelle im CM betreiben wird, können LIBS-Spektren aufgenommen werden und auch eine LIBS-Messung im DPO-Modus beinhaltet einen Materialabtrag – wenn auch einen geringeren als bei CM-Betrieb. Um dennoch die Begriffe „Abtragsphase“ und „Messphase“ konsistent zu verwenden, werden diese im Folgenden wie folgt definiert: Ein Verfahrensschritt gilt dann als Abtragsphase, wenn die Strahlauslenkung einem Abtragsmuster entspricht ($R_{\text{max}} > 0{,}16\,\text{mm}$) oder die Laserstrahlungsquelle im CM betrieben wird. Als Messphase gilt ein Verfahrensschritt folglich, wenn für die Strahlauslenkung $R_{\text{max}} \leq 0{,}16\,\text{mm}$ gilt und die Laserstrahlungsquelle im DPO-Modus betrieben wird. Bei allen zweiphasigen Sequenzen dieser Arbeit bildet – nach dieser Definition – die erste Phase die Abtragsphase, die darauf folgende die Messphase. Diese Zuordnung von Abtragsphase und Messphase bleibt auch dann eindeutig, wenn z. B. in der Abtragsphase LIBS-Spektren aufgenommen werden, wie in Abschnitt 7.4. Dieser Fall stellt in dieser Arbeit jedoch die Ausnahme dar; fast alle untersuchten Spektren wurden während der Messphase aufgenommen, darunter ausnahmslos alle Spektren des Paschen-Runge Spektrometers oder des Czerny-Turner-Spektrometers. Die Zeiträume der Prüfsequenz, in denen keine Laseremission erfolgt, sind in Bild 4.11 nicht dargestellt. Insgesamt werden für die Parametrierung und Konditionierung der Laserstrahlungsquelle sowie ggf. für das Aus- und Wiedereinfahren der Messlanze insgesamt etwa 18 Sekunden pro Prüfsequenz (bestehend aus Abtrags- und Messphase) benötigt.

Die wesentlichen experimentellen Parameter, deren Einfluss im Rahmen der Verfahrensentwicklung evaluiert wurde, sind in Bild 4.12 für Abtrags- und Messphase gegenübergestellt. Die Laserstrahlungsquelle wurde in den Betriebsmodi CM (60Hz) und DPO (100 Hz oder 120 Hz) betrieben. Details zu den Laserpulsdaten, siehe Abschnitt 4.2. Da sich das Abtragsverhalten der beiden Betriebsmodi unterscheidet, kann die Abtragstiefe sowohl über die Phasendauer als auch über den Betriebsmodus angepasst werden.

Alle genutzten Abtragsmuster bestehen aus konzentrischen Kreisen. Die Kenngröße der Strahlauslenkung ist deren maximaler Radius $R_{\max}$. Dieser liegt in der Abtragsphase meist bei Werten von 0,5–0,8 mm, in der Messphase bei $R_{\max} \leq 0{,}16$ mm. Die exakten Werte für $R_{\max}$ sind in den jeweiligen Abschnitten angeben. Über $R_{\max}$ wird das Aspektverhältnis der Krater vorgegeben; je größer $R_{\max}$ desto breiter und flacher sind die erzeugten Krater. Die einzelnen Muster werden im Anhang im Abschnitt A.3 beschrieben und den jeweiligen Messreihen zugeordnet. Exemplarisch ist das Ringmuster „20s-I-B" in Abbildung 4.13 dargestellt. Die Strahlachse des Lasers wird auf den strichlierten Kreisen über die Oberfläche des Blocks oder der Probe bewegt. In diesem Beispiel wurde $R_{\max} = 0{,}75$ mm gewählt. Die zeitliche Abfolge der Ringe, ist im rechten Diagramm gezeigt. Der äußerste Ring wird in ca. einer Sekunde umlaufen, die Geschwindigkeit des Laserstrahls auf der Oberfläche beträgt dementsprechend 4,7 mms^{-1}. Bei den inneren Ringen sind die Umlaufdauern etwas geringer, dennoch wird die maximale Geschwindigkeit auf dem äußersten Ring erreicht. Bei einer Repetitionsrate von 60 Hz treffen zwei

Prüfsequenz

Abtragsphase		**Messphase**
• Laserstrahlungsquelle meist Reinigungsmode (CM) • Strahlauslenkung R_{max}: 0 mm – 0,8 mm • Spektrometer meist keine LIBS-Datenerfassung • Dauer meist 20 s – 30 s	→	• Laserstrahlungsquelle immer Doppelpulsmodus (DPO) • Strahlauslenkung R_{max}: 0 mm – 0,16 mm • Spektrometer meist Erfassung der LIBS-Daten • Dauer immer 10 s

Bild 4.12: Wichtige Parameter von Abtrags- und Messphase

aufeinanderfolgende Pulszüge also in einem lateralen Abstand von höchstens 80 µm auf die Oberfläche. Bei einem Fokusdurchmesser von etwa 300 µm kommt es daher zu einem großflächigen Überlapp zwischen den Pulszügen. Dieser Überlapp ist bei allen Auslenkungsmustern anzunehmen, da die Geschwindigkeit der Servomotoren nicht verändert wurde und keine Repetitionsraten unter 60 Hz verwendet wurden.

Bei der Zeitbasis der Auslenkungsmuster ist von einer Unsicherheit von einigen hundert Mikrosekunden auszugehen. Die Steuerung des Spiegelkippers erfolgt über ein C#-Skript, welches von der Ablaufsteuerung gestartet wird. Da der Start dieser Skripte eine gewisse variable Latenz mit sich bringt und keine Synchronisation zwischen dem C#-Skript und der Ablaufsteuerung implementiert ist, ist eine gewisse zeitliche Fluktuation (engl. Jitter), zwischen den beiden Zeitskalen zu erwarten. In den Diagrammen, Bild 4.13 (rechts) und Bild A.3, ist das vorgesehene Ende der jeweiligen Mess- oder Abtragsphase mit einer strichlierten Grenze markiert.

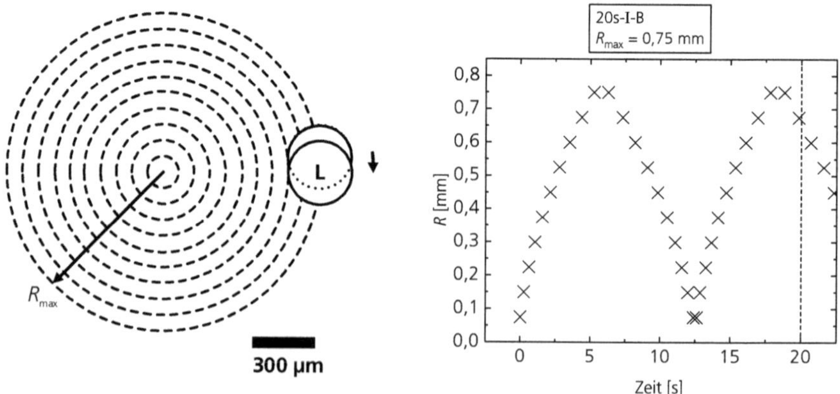

Bild 4.13: Exemplarischer Verlauf eines Abtragsmusters. Links: Die strichlierten Kreise entsprechen den Bewegungen des Laserstrahls. Die beiden ausgefüllten Kreise L stellen die Positionen und den Überlapp zweier aufeinanderfolgender Laserpulszüge bei einer Repetitionsrate von 60 Hz dar. Rechts: Zeitliche Abfolge, in welcher die Ringe bei einer Abtragsphase von 20 Sekunden Dauer abgefahren werden.

5 Probenahme und Präparation

In diesem Kapitel werden die verwendeten Proben beschrieben. Die meisten Messungen dieser Arbeit wurden an Stahlproben durchgeführt, die aus Stranggussblöcken herausgesägt wurden. Diese Probenahme ist in Bild 5.1 schematisch dargestellt. Als Stirnfläche werden im Folgenden die Flächen bezeichnet, an welchen der Strang in die einzelnen Blöcke zerteilt wurde. Alle übrigen Außenflächen des Blocks werden als Gussflächen bezeichnet, da diese bereits beim Gießen des Strangs entstehen. Beide Arten dieser Flächen sind mit nicht-repräsentativen Deckschichten behaftet, wie in Kapitel 3 beschrieben. Auf dem Eckstück eines Stranggussblocks sind sowohl Guss- als auch Stirnflächen vorhanden, sodass beide Flächen an solchen Proben untersucht werden können. An den geschliffenen Innenflächen, wo die Probe aus dem Block gesägt wurde, liegt das Grundmaterial frei.

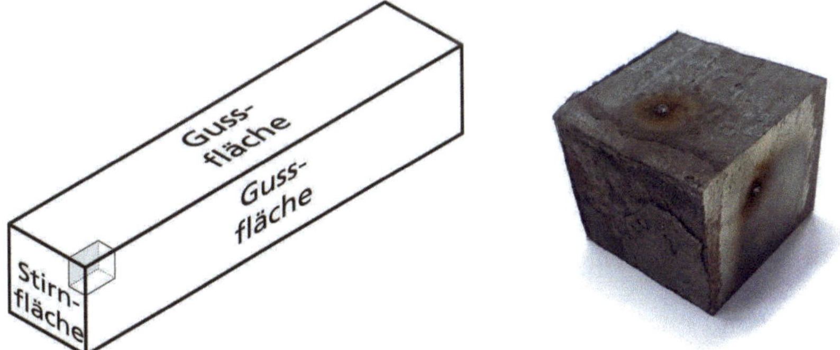

Bild 5.1: Links: Quadratischer Stranggussblock mit schematischer Darstellung der entnommenen Probe als Quader an der vorderen oberen Ecke. An der grau eingefärbten Innenfläche kann das Grundmaterial untersucht werden. Rechts: Probe 64 als Beispiel einer Materialprobe dieser Arbeit. Kantenlänge: 3,5 cm. An der im Bild rechten Seitenfläche liegt das Grundmaterial frei, die übrigen Seitenflächen sind verzundert.

Die chemischen Zusammensetzungen der einzelnen Proben ist im Anhang in Abschnitt A.4 aufgelistet. Die Stahlproben sind dabei von 1 bis 66 nummeriert sowie in Gruppen von A bis F eingeordnet. Bei Versuchen, die sich auf ein bis zwei Proben beschränken, werden die Nummern der entsprechenden Proben angegeben, bei umfangreicheren Messreihen werden die entsprechenden Probensätze über die Gruppen definiert. Welche Proben für welche Versuchsreihe verwendet wurden ist in Tabelle A.9 aufgeschlüsselt. Bild 5.2 zeigt die Verteilung der Nichteisen-Elemente im verwendeten Probensatz. Den höchsten Anteil an Nichteisen-Elementen weist Probe 57 auf mit ca. 35 M.–%. Bei über 85 % der verwendeten Proben liegt dieser Anteil zwischen 1 M.–% und 5 M.–%. Der Nichteisen-Anteil ist hierbei die Summe aller in der Schmelzanalyse nachgewiesenen Legierungselemente. In Tabelle A.6 sind nur die Einzelwerte von Kohlenstoff, Chrom, Nickel, Silizium, Mangan, Vanadium, Kupfer und Titan angegeben, da die Vergleichswerte dieser Elemente im Rahmen dieser Arbeit verwendet werden. Die Elemente Calcium, Bor, Aluminium, Stickstoff, Phosphor, Schwefel, Arsen, Cobalt, Selen, Wolfram und Blei konnten zumindest bei einzelnen Proben in der Schmelzanalyse nachgewiesen werden. Die Konzentrationen dieser Elemente sind jedoch zu gering, um diese mit dem verwendeten LIBS-Aufbau zuverlässig nachweisen zu können. Für diese Spurenelemente sind daher keine Einzelwerte angegeben, in der Summe aller Nichteisen-Elemente sind sie jedoch enthalten. Eine Ausnahme in dieser Probenliste stellt die Probe 63 dar. Bei dieser Probe handelt es sich nicht um Stranggussmaterial, welches der laufenden Produktion entnommen wurde, sondern um eine für Kalibrier- und Analysezwecke gefertigte Reineisenprobe. An dieser Probe sind dementsprechend keine Guss- oder Stirnflächen vorhanden.

Sowohl in der Nummerierung als auch in Bild 5.2 sind nur Proben enthalten, für welche eine chemische Vergleichsanalyse vorliegt. Weitere Proben, die in dieser Arbeit verwendet wurden, bestehen aus Edelstahlblech der Güte 1.4301 sowie aus Messing als Nichteisenmetall. Bei dem Messing handelte es sich meist um Materialreste aus der feinmechanischen Werkstatt des ILT für welche keine genaueren Angaben über die Zusammensetzung vorlagen. Die Zusammensetzung dieser Proben wurde mit einem Spectrotest Funkenspektrometer [SPE08] untersucht, die Ergebnisse sind in Tabelle A.8 aufgelistet. Bei den eisenfreien Messingproben wurde anhand von LIBS-Messungen überprüft, dass tatsächlich keine Eisenlinien im Spektrum erkennbar sind.

Die Bleche aus 1.4301 Edelstahl wurden vor allem als simulierte Deckschicht in Kombination mit Reineisen- oder Messingleerproben verwendet. Reststücke dieses Materials waren in Dicken von 0,1 mm, 0,5 mm, 1 mm und 5 mm in der feinmechanischen Werkstatt verfügbar. Mit einer Zusammensetzung von 8–10,5 M.–% Nickel, 17–19,5 M.–% Chrom und ca. 70 M.–% Eisen [WW13] unterscheidet sich dieses Material deutlich von beiden Leerproben.

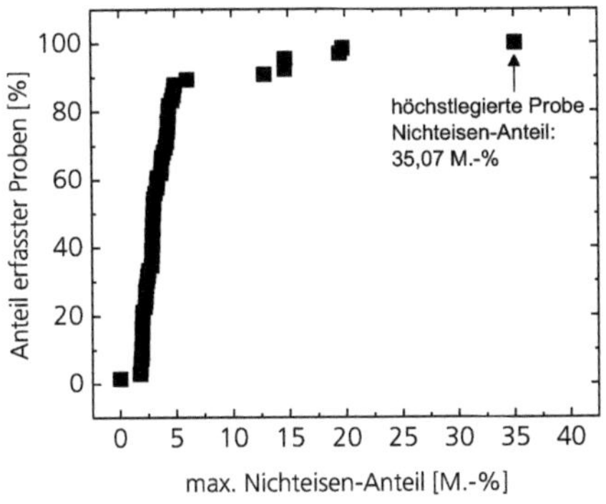

Bild 5.2: Übersicht über die Nichteisen-Anteile der Stahlproben 1–66

6 Auswertungsverfahren der Messdaten

6.1 Linienintensitäten

Die Auswertung der Messdaten beginnt mit einem Pixelspektrum. Jedes dieser Pixel erfasst ein Wellenlängenintervall von einigen Pikometern. Da die Empfindlichkeit der einzelnen Pixel wellenlängenabhängig ist, kann der erste Schritt der Auswertung darin liegen, diese Wellenlängenabhängigkeit zu korrigieren. Dies ist insbesondere für die Aufstellung von Boltzmannplots notwendig. Durch die verschiedenen Verbreiterungsmechanismen verteilt sich das Licht einer Spektrallinie auf mehrere Pixel. Eine Summation über diese Pixel ist eine einfache Möglichkeit, um diese zur Gesamtintensität einer Emissionslinie zusammenzufassen. Um die Anteile kontinuierlicher Strahlung herausrechnen zu können, kann dieser Untergrund mit den Intensitätswerten der Pixel neben der Linie bestimmt werden, siehe Bild 6.1. Dazu wird jeweils rechts und links der Linie ein Intervall U_{li} bzw. U_{re} gemittelt, in welchem möglichst keine Spektrallinien liegen. Diese Bereiche können entweder fest vorgegeben werden [SFN13] oder aber dynamisch anhand der Minima des Spektrums festgelegt werden [SY09a]. Eine Interpolation zwischen diesen beiden Untergrundwerten dient dann als Abschätzung für den Untergrundanteil $\tilde{U}(\lambda)$ im Bereich der Linie. Die Untergrundbereiche dieser Arbeit sind einheitlich definiert (also für alle Spektren gleich). Im Bereich der Emissionslinie wird der Untergrund linear interpoliert. Die gesuchte Linienintensität entspricht dann der Fläche, die zwischen dem gemessenen Spektrum und dem Untergrund liegt. Diese berechnet sich mit den Integrationsgrenzen a und b, vgl. Bild 6.1, mit:

$$\tilde{I}_{\text{ges}} = \int_a^b \left(\tilde{I}(\lambda) - \tilde{U}(\lambda)\right) \mathrm{d}\lambda. \tag{6.1}$$

Im Folgenden werden Intensitäten, denen nur ein einzelner Auslesevorgang des Detektors zugrunde liegt mit $\tilde{I}$ bezeichnet, in Abgrenzung zu Werten, die aus mehreren Auslesevorgängen gemittelt sind. Da das Spektrum aus einzelnen Pixeln besteht und daher quasi-kontinuierlich ist, wird dieses Integral zu einer Summe. Die Intensität $\tilde{I}(\lambda)$ kann als Mittelwert zweier benachbarter Pixel definiert werden, statt $\mathrm{d}\lambda$ wird dementsprechend der Wellenlängenabstand der beiden Pixel eingesetzt. Auch der Untergrund $\tilde{U}(\lambda)$ wird für die mittlere Wellenlänge der beiden Pixel berechnet. Die Grenzen a und b stellen den Bereich dar, welcher der Linie zugeordnet wird.

Die beiden Diagramme in Bild 6.1 zeigen die Spektren zweier Stahlproben mit unterschiedlichem Nickelgehalt. Die Eisenintensitäten sind bei beiden Proben sehr ähnlich, die Nickelintensitäten entsprechend unter-

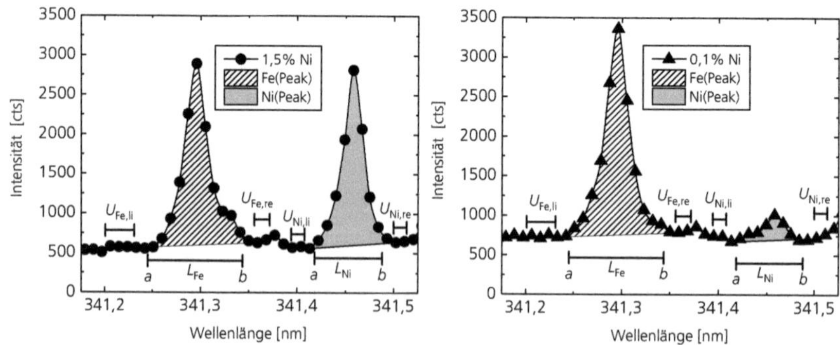

Bild 6.1: Teilspektren zweier Stahlproben mit unterschiedlichem Nickelgehalt. Links: 1,5 M.–%, Rechts: 0,1 M.–%. Die Eisenlinie ist schraffiert, die Nickellinie flächig unterlegt. Die Linienintensität ist proportional zur Fläche im Bereich $L_{\text{Fe}}, L_{\text{Ni}}$ zwischen Messwert und Untergrund (Baseline). Dieser wird zwischen den Intervallen U_{li} und U_{re} linear interpoliert.

schiedlich. Die Grenzen für die Untergrundintervalle sowie für die Linie selbst sollten so gewählt werden, dass keine anderen Linien in den ausgewerteten Bereichen liegen. Das gilt für die Emissionslinien aller Elemente, die in den zu untersuchenden Proben vorkommen könnten. Ist die zu untersuchende Spektrallinie isoliert, kann der Untergrund im Umfeld von a und b ermittelt werden. Es kann jedoch vorkommen, dass sich neben der zu untersuchenden Linie eine weitere Störlinie befindet oder dass sich die Linien sogar überlappen. In diesem Fall empfiehlt es sich, den Untergrund in größerer Entfernung zur Linie zu ermitteln. Wenn sich die Störlinie in einem der Untergrundintervalle befindet, ergeben sich systematisch zu geringe Intensitäten. Wenn sich die Störlinie im Bereich der Emissionslinie befindet, so ergeben sich zu hohe Intensitäten. Um solche Messfehler so weit wie möglich zu vermeiden, müssen die Linien- und Untergrundbereiche sorgfältig gewählt werden. Auch eine rechnerische Korrektur solcher Überlagerungen ist möglich, siehe Abschnitt 6.2.3. Die Messwerte dieser Arbeit wurden mit dem ILT-Softwaretool PAKOS [ILT06] integriert. Der zuvor beschriebene Algorithmus entspricht der Programmeinstellung „Trapez Integration".

Anstelle der integrierten Intensitäten einzelner Linien werden meistens referenzierte Intensitäten betrachtet, also Verhältnisse von je einer Analytlinie $\tilde{I}_a$ zu einer Referenzintensität $\tilde{I}_r$. Die Referenzlinie kann dabei entweder eine Linie des Matrixelementes sein, aber auch eine Linie der Gasatmosphäre [Vre11], wie z. B. Argon oder das spektral integrierte Signal [Stu+04; Wer+11]. Für jedes ausgelesene Spektrum kann aus einem Linienpaar – Analyt- und Referenzlinie – eine referenzierte Intensität $\tilde{Q}$ berechnet werden

$$\tilde{Q} = \frac{\tilde{I}_a}{\tilde{I}_r}. \tag{6.2}$$

Aus den Einzelwerten $\tilde{Q}$ wird die mittlere referenzierte Intensität Q sowie die Standardabweichung s_Q für jede Probe berechnet. Die unreferenzierte mittlere Intensität I bzw. die Intensität eines einzelnen Auslesevorgangs $\tilde{I}$ werden im Folgenden als cts-Intensität bezeichnet, da diese über die Integration des Signals einer einzelnen Linie bestimmt wird. Die Einheit cts steht hierbei als Hilfseinheit für „counts", also die Detektorzählrate, vgl. Bild 6.1

Es kann hilfreich sein, vor der Mittelung die einzelnen $\tilde{Q}$-Werte auf Ausreißer zu untersuchen oder den untersuchten zeitlichen Bereich einzuschränken. Eine Möglichkeit um Fehlmessungen zu erkennen, ist eine untere Grenze für die Referenzintensität $\tilde{I}_r$ festzulegen [Ayd10], eine andere sind statistische Tests. In DIN 53804-1 [DIN02] wird der Ausreißertest nach Grubbs [Gru50] empfohlen, wenn mehr als 30 Messwerte vorliegen. Bei der Auswertung der Messdaten dieser Arbeit wurden zwar beide Verfahren genutzt, letztlich spielten diese Ausreißertests jedoch keine wesentliche Rolle. Da bereits auf dem Detektor über $N_{\text{det}} \geq 10$ Plasmaereignisse aufsummiert wurden, sind die meisten der evtl. vorhandenen Fehlmessungen bereits auf dem Detektor mit „guten" Messdaten gemittelt worden und daher im Nachhinein nicht mehr identifizierbar. Durchschnittlich wurde etwa ein Promille aller ermittelten $\tilde{Q}$-Werte als Ausreißer deklariert.

Eine Laserstrahlungsquelle kann kurz nach Beginn des Pulsbetriebs ein Einschwingverhalten zeigen, welches vom Langzeitverhalten abweicht. Um den Einfluss dieser Einschwingvorgänge auf das LIBS-Messergebnis zu minimieren, können die ersten ausgelesenen Spektren verworfen und Q und I aus den darauf folgenden Spektren bestimmt werden. Wenn nicht anders angegeben, gilt in dieser Arbeit, dass bei Echelle-Messungen die ersten 7 Spektren nicht in die Berechnung von Q und I einfließen. Bei einer Repetitionsrate von 100 Hz und $N_{\text{det}} = 15$ entspricht das einer Zeitdauer von ca. 3 Sekunden. Insgesamt werden typischerweise 21 Spektren pro Messphase ausgelesen, da durch die Auslesung und Übertragung der Daten Totzeiten entstehen. Beim Paschen-Runge-Spektrometer werden alle aufgezeichneten Spektren zur Bestimmung von Q und I verwendet, allerdings beschränkt sich bereits die Aufzeichnung selbst auf die zweite Hälfte (die letzten 5 Sekunden) der Messphase. Bei einer Repetitionsrate von 100 Hz und $N_{\text{det}} = 15$ werden mit dem Paschen-Runge-Spektrometer 22 Spektren ausgelesen. Wenn $\tilde{Q}$ und $\tilde{I}$, also Werte für Einzelspektren, angegeben werden, so ist in den Diagrammen vermerkt von welchem Zeitpunkt diese Messwerte stammen. Das Zeitfenster für Kohlenstoffmessungen mit dem Czerny-Turner-Spektrometer wird in Abschnitt 7.9 gesondert untersucht.

6.2 Kalibrierung

6.2.1 Bestimmung der Analysenfunktion

Die referenzierte Intensität Q hängt von der Konzentration des Analytelements ab. Um aus dem gemessenen Signal einer unbekannten Probe die Konzentration dieses Elementes berechnen zu können, muss dieser Zusammenhang bekannt sein. Um diesen zu bestimmen, werden die referenzierten Intensitäten bei einem Probensatz bestimmt, dessen Analytkonzentrationen bekannt sind. Die Konzentrationen dieser Proben sollten gleichmäßig über den Arbeitsbereich verteilt sein, wobei die erwartete Konzentration der später zu messenden Probe möglichst in der Mitte des Arbeitsbereiches liegen sollte [DIN06]. Mit den Wertepaaren aus referenzierter Intensität als Messwert und dem Vergleichsgehalt wird die Analysenfunktion bestimmt. Die „klassische Kalibrierung“ betrachtet hierbei den Messwert Q als Funktion der Konzentration c. Bei einer graphischen Darstellung sind dementsprechend auf der Ordinate die Messwerte Q und auf der Abszisse die Vergleichswerte angeordnet. Mit einem geeigneten Modell – z. B. dem einer linearen Abhängigkeit – und einer entsprechenden Regressionsrechnung wird dementsprechend die Kalibrierfunktion f_{K} ermittelt:

$$Q = f_{\mathrm{K}}(c). \tag{6.3}$$

Die Analysenfunktion ist dann die Umkehrfunktion der Kalibrierfunktion:

$$c = f_{\mathrm{A}}(Q) = f_{\mathrm{K}}^{-1}(Q). \tag{6.4}$$

Dieses Vorgehen wird u. a. in der zitierten DIN-Norm beschrieben. Eine Alternative ist die „inverse Kalibrierung“ [Kes05; Nei02]. Hierbei werden die Messwerte auf der Abszisse aufgetragen und die Vergleichswerte auf der Ordinate. Die Analysenfunktion f_{A} wird dann direkt über die Regressionsrechnung ermittelt. Dieses Verfahren ist bei ungenaueren Messwerten günstiger, sodass in dieser Arbeit die inverse Kalibrierung benutzt wird. Beide Verfahren sind jedoch gängig und in der Literatur verbreitet.

Der Zusammenhang zwischen Messsignal und (Analyt-)Konzentration wird bei kleinen Konzentrationen als linear angenommen. Bei steigenden Konzentrationen gewinnt die Selbstabsorption an Bedeutung, sodass eine

Erhöhung der Konzentration c nun zu einem schwächeren Anstieg des Messsignals Q führt. Dieser kann über eine nichtlineare Regression berücksichtigt werden, solange die Analysenfunktion eindeutig ist. Dies entspricht der Forderung, dass die Kalibrierfunktion (6.3) im Arbeitsbereich keine Minima und Maxima aufweisen darf [DIN06]. Ob die Analysenfunktion linear ist kann mit dem Linearitätstest nach Mandel [Man64] bewertet werden. Dazu wird eine lineare und eine quadratische Ausgleichsfunktion ermittelt und die entsprechenden Summen der Fehlerquadrate (engl. residual sums of squares) $\mathrm{RSS_l}$ bzw. $\mathrm{RSS_q}$ für diese Ausgleichsfunktionen bestimmt. Für die Rest-Standardabweichungen s_l bzw. s_q gilt:

$$s_\mathrm{l}^2 = \frac{1}{N-2}\mathrm{RSS_l} \text{ bzw. } s_\mathrm{q}^2 = \frac{1}{N-3}\mathrm{RSS_q}. \tag{6.5}$$

Die Zahl N ist hierbei die Anzahl der Proben im untersuchten Probensatz. Aus den beiden RSS-Werten wird ein Prüfwert berechnet, mit welchem entschieden wird, ob ein nichtlineares Modell signifikant besser gegenüber einem linearen ist. Dieser Prüfwert F_M ist definiert als:

$$F_\mathrm{M} = \frac{\mathrm{RSS_l} - \mathrm{RSS_q}}{s_\mathrm{q}^2}. \tag{6.6}$$

Verglichen wird dieser Wert mit einem Tabellenwert der F-Verteilung, auch Fisher-Verteilung genannt. Diese Verteilung hat drei Parameter: f_1, f_2 sowie das Signifikanzniveau α. Empfohlen [DIN05] sind die Werte $f_1 = 1$, $f_2 = N-3$, $\alpha = 0{,}01$. Ist der Prüfwert F_M kleiner, als der entsprechende Tabellenwert, so gilt der Zusammenhang zwischen Konzentration und Messwert als linear.

Wenn die Analysenfunktion als nichtlinear klassifiziert wurde, so soll diese Funktion abschnittsweise linear bzw. quadratisch definiert werden. Die Anzahl der Wertepaare wird, beginnend bei der Probe mit dem höchsten Messsignal Q, so lange reduziert, bis die Analysenfunktion nach Mandel linear ist. Damit diese Linearitätsgrenze nicht von einer einzelnen Probe abhängt, wird die Linearität noch einmal ohne die verbliebene Probe mit höchstem Q überprüft. Bei „Nichtlinearität", wird der betrachtete Probensatz weiter reduziert, ansonsten ist ein provisorischer Wert für die Grenze Q_0 zwischen linearem und nichtlinearem Bereich gefunden. Proben mit einem höheren Q werden dem nichtlinearen Bereich zugeordnet, alle anderen dem linearen Bereich. Für die Analysenfunktion $f_{\mathrm{A}}(Q)$ wird folgende Form angenommen [SFN13]:

$$c = f_{\mathrm{A}}(Q) = \begin{cases} a_0 + a_1 Q & \text{für } Q \leq Q_0, \\ a_0 + a_1 Q + a_2(Q - Q_0)^2 & \text{für } Q > Q_0. \end{cases} \tag{6.7}$$

An der Grenze zwischen linearem und nichtlinearem Bereich verläuft die Analysenfunktion sowie ihre erste Ableitung stetig. Der Achsenabschnitt a_0 sowie die Steigung im linearen Teil a_1 und die Krümmung a_2 im nichtlinearen Bereich können mit der Methode der kleinsten Quadrate ermittelt werden. Die Grenze Q_0 wird im nächsten Schritt so lange verschoben, bis die Summe der Fehlerquadrate der beiden Abschnitte minimal wird. Die Größe c bezeichnet die Analytkonzentration eines Elements in Massenprozent [M.–%]. Wenn die untersuchten Proben drei oder mehr Bestandteile in höheren Konzentrationen enthalten, kann es sinnvoll sein, anstelle der absoluten Konzentration c das Verhältnis zwischen Analytelement und Matrixelement zu wählen. Um die relativen Konzentrationen in absolute Konzentrationen zurückzurechnen wird gefordert, dass die Summe aus Matrixkonzentration und allen Analytkonzentrationen 100 % ergeben muss.

6.2.2 Kennzahlen eines Messverfahrens

Empfindlichkeit

Ein Messverfahren ist umso empfindlicher, je deutlicher sich der Messwert bei einer Änderung der Messgröße ändert. Im Fall von LIBS ist der Messwert die referenzierte Intensität Q, die Messgröße die Konzentration c. Bei einer linearen Analysenfunktion ist die Steigung über den gesamten Konzentrationsbereich konstant. Bei einer nichtlinearen Analysenfunktion wird die Steigung in der Mitte des Arbeitsbereiches betrachtet [DIN06]. Dieser Konzentration wird der Messwert $Q_{\langle c \rangle} = f_{\mathrm{A}}^{-1}(\langle c \rangle)$ zugeordnet. Für eine Analysenfunktion in der Form (6.7) berechnet sich die Empfindlichkeit mit:

$$E = \begin{cases} \frac{1}{a_1} & \text{für } \langle c \rangle < c_0, \\ \frac{1}{a_1 + 2a_2(Q_{\langle c \rangle} - Q_0)} & \text{für } \langle c \rangle > c_0. \end{cases} \tag{6.8}$$

Je weiter die Mitte des Arbeitsbereichs $Q_{\langle c \rangle}$ im nichtlinearen Bereich liegt, desto geringer ist die Empfindlichkeit. Sofern eine äquidistante Verteilung der Kalibrierproben vorliegt, ist die Mitte des Arbeitsbereiches gleichzeitig der Mittelwert der Konzentrationen aller Kalibrierproben $\langle c \rangle$. Dies wird in der genannten Norm gefordert, sodass beide Größen synonym verwendet werden. In dieser Arbeit ist eine solche äquidistante Verteilung jedoch nicht gegeben. Hier wird daher $\langle c \rangle$ als mittlere Konzentration betrachtet.

Reststandardabweichung

Die Streuung der Messwerte s_y um die Analysenfunktion berechnet sich mit

$$s_y = \sqrt{\frac{\sum\limits_k (y_k - \hat{y}_k)^2}{N - f}}. \tag{6.9}$$

Hierbei ist f die Anzahl der Freiheitsgrade der Analysenfunktion, also zwei im linearen Fall, drei im nichtlinearen. Die Indexwahl s_y ist damit begründet, dass bei der klassischen Kalibrierung die Messwerte auf der Ordinate, der „Y-Achse", aufgetragen werden. Die Größe y_k ist der tatsächlich gemessene Messwert, $\hat{y}_k$ ist der Messsignalwert, welcher die Kalibrierfunktion dem Vergleichswert der Probe zuordnet. Die Kalibrierfunktion ist hierbei die Umkehrfunktion der Analysenfunktion aus Gleichung (6.7). Die Verfahrensstandardabweichung $s_{x,0}$ ist wie folgt definiert:

$$s_{x,0} = \frac{s_y}{E}. \tag{6.10}$$

Diese Größe hat dieselbe Dimension der Vergleichswerte, z. B. Massenprozent und ist „ein eindeutiges Bewertungskriterium für die Güte eines Analysenverfahrens" [DIN06]. Allerdings ist sie mitunter schwer zu ermitteln, weil gerade bei kommerziellen Messgeräten dem Anwender die einzelnen Messwerte nicht zur Verfügung stehen. Alternativ kann die Reststandardabweichung $r_{x,0}$ betrachtet werden [Sch14]. Die Definition entspricht Gleichung (6.9) nur, dass anstelle der Messwerte nun Konzentrationen betrachtet werden.

$$r_{x,0} = \sqrt{\frac{\sum_k (c_k - c_{\mathrm{m},k})^2}{N - f}}, \tag{6.11}$$

$$R_{x,0} = \frac{r_{x,0}}{\langle c \rangle} \times 100\,\%. \tag{6.12}$$

Hierbei ist c_k der Vergleichswert und $c_{m,k}$ die ermittelte Konzentration der Kalibrierprobe k. Die relative Reststandardabweichung $R_{x,0}$ ist die aussagekräftigere Größe, wenn die Messmittelfähigkeit für unterschiedliche Analyten verglichen werden soll. Sowohl Reststandardabweichung $r_{x,0}$ als auch Verfahrensstandardabweichung $s_{x,0}$ werden mit den Proben der Kalibrierung berechnet. Eine bessere Validierung des Kalibriermodells ist ein Test an unabhängigen Daten [Kes05]. Eine Möglichkeit hierzu ist die Kreuzvalidierung. Dabei wird mit einem Teil der Kalibrierproben das Kalibriermodell erstellt und geprüft wie gut dieses Modell die Gehalte der übrigen Proben vorhersagt. Bei einer vollständigen Kreuzvalidierung werden die Daten aller Proben bis auf eine für die Erstellung des Kalibriermodells verwendet und der Gehalt der letzten Probe mit dem erstellten Modell berechnet. Dies wird so lange wiederholt, bis jede Probe einmal aus dem Kalibrierdatensatz entfernt wurde. Vorteil dieser Vorgehensweise ist, dass die aufgenommenen Daten sehr effizient genutzt werden. Für die Validierung müssen keine weiteren Daten erhoben werden, dennoch sind die Validierungsdaten von den Kalibrierdaten unabhängig.

Bei einer externen Validierung wird ein Kalibriermodell erstellt und mit einem unabhängigen Datensatz überprüft. Dieser Ansatz soll im Rahmen dieser Arbeit genutzt werden. Die Kalibrierungen wurden durch Messungen an Proben mit geschliffenen Oberflächen erstellt. Validiert wurden diese Messungen mit denselben Proben, allerdings wurden diesmal die mit einer Deckschicht behafteten Seiten gemessen. Auf diese Weise geht sowohl das Messverfahren selbst als auch die Fähigkeit nicht-repräsentative Deckschichten zu durchdringen in die Validierung ein. Anstelle der Reststandardabweichung wird bei einer Validierung der mittlere quadratische Fehler betrachtet.

$$r = \sqrt{\frac{\sum_i (c_i - c_{m,i})^2}{N}}, \tag{6.13}$$

$$R = \frac{r}{\langle c \rangle} \times 100\,\%. \tag{6.14}$$

Diese Definition ist analog zur Reststandardabweichung, nur dass hier keine Freiheitsgrade für die Erstellung des Analysenfunktion „verbraucht" worden sind. Diese Analysenproben sind mit i indiziert.

Präzision

Aus der Standardabweichung $s_{\tilde{Q}}$ der referenzierten Intensitäten $\tilde{Q}$ kann für jede Probe eine Unsicherheit der bestimmten Konzentration s_c berechnet werden:

$$s_c = s_{\tilde{Q}} \left. \frac{\partial f_{\mathrm{A}}}{\partial Q} \right|_Q. \tag{6.15}$$

Die Größe s_Q wird dabei aus der Streuung der $\tilde{Q}$-Werte der einzelnen Spektren bestimmt. Sie ist daher vor allem ein Maß für die zeitliche Stabilität des Messsignals. Für diese Präzision wird im Folgenden die Kenngröße S verwendet. Diese ist die mittlere Streuung aller Proben, normiert auf die mittlere Konzentration $\langle c \rangle$:

$$S = \frac{\langle s_c \rangle}{\langle c \rangle} \times 100\,\%. \tag{6.16}$$

Nachweisgrenze

Als Nachweisgrenze, auch LOD für Limit of Detection, wird die Analytkonzentration bezeichnet, welche in einer Probe mindestens enthalten sein muss, damit diese mit dem Messverfahren zuverlässig von einer Leerprobe unterschieden werden kann. In DIN 32645 [DIN11] sind zwei Formeln zur Schnellschätzung der LOD angeben. Einmal wird die Nachweisgrenze über die Verfahrensstandardabweichung $s_{x,0}$ bestimmt und einmal über die Standardabweichung $s_{Q,\mathrm{L}}$ bei wiederholten Messungen an der Leerprobe:

$$\mathrm{LOD}_1 = t_{f;\alpha} \cdot \sqrt{1 + \frac{1}{n}} \cdot s_{Q,\mathrm{L}}/b, \qquad \text{(Leerwertmethode)} \quad (6.17)$$

$$\mathrm{LOD}_2 = 1{,}2 \cdot t_{f;\alpha} \cdot \sqrt{1 + \frac{1}{N}} \cdot s_{x,0}. \qquad \text{(Kalibriergeradenmethode)} \quad (6.18)$$

Dabei ist N die Probenanzahl im Kalibrierdatensatz und n die Anzahl der Wiederholmessungen an der Leerprobe. Die Größe b ist hierbei die Steigung der (klassischen!) Kalibriergeraden und entspricht der Empfindlichkeit. Die Nachweisgrenze ist also umso besser, je geringer die Streuung bei der Leerprobenmessung ist und desto stärker das Messsignal auf den Analyten reagiert. Man beachte, dass bei der Bestimmung von $s_{Q,\mathrm{L}}$ der Leerproben die gesamte Prüfsequenz zu wiederholen ist, es handelt sich also nicht um die Streuung der Einzelwerte aus Gleichung (6.15).

Die Leerwertmethode ist nach DIN vorzuziehen, wenn beide auf diese Weise ermittelten Nachweisgrenzen deutlich voneinander abweichen. Für die Leerprobe wird gefordert, dass diese „den nachzuweisenden oder den zu bestimmenden Bestandteil nicht enthält, sonst aber mit der Analysenprobe übereinstimmt“. Eine Reineisenprobe kann daher ohne weiteres als Leerprobe angesehen werden. Die in dieser Arbeit untersuchten Proben weisen mehr als einen Analyten auf, sodass die Leerprobe neben dem Matrixelement auch aus Drittelementen bestehen könnte. Wenn z. B. eine Aussage über die Nickel-Nachweisgrenze gemacht werden soll, so könnte auch eine binäre Chrom-Eisenlegierung als Leerprobe betrachtet werden. Im Rahmen dieser Arbeit wird die Nachweisgrenze jedoch nur über die Messungen an einer Reineisenprobe ermittelt.

6.2.3 Interelementkorrektur

Bei einer univariaten Auswertung wird die Konzentration eines Analyten in einer Matrix ermittelt, z. B. Kohlenstoff in Eisen. Wenn weitere Elemente vorhanden sind, so ist es möglich, dass die Messwerte eines Analyten auch von diesen zusätzlichen Elementen beeinflusst werden. In [TSM06] werden zwei Mechanismen hierzu beschrieben und entsprechende Korrekturverfahren genannt. Einer dieser Interelement-Einflüsse ist der Überlapp der Spektrallinien. Ein prominentes Beispiel einer solchen

Störung ist die Überlagerung der Kohlenstoffatomlinie bei C193,03 mit der Aluminium-Ionenlinie Al-II-193,04. Im Rahmen dieser Arbeit konnte diese Linien-Überlagerung nicht beobachtet werden, vermutlich weil die maximale Aluminiumkonzentration im verwendeten Probensatz bei 0,04 M.–% liegt und damit für einen signifikanten Einfluss zu gering ist.

Bild 6.2 (oben) zeigt die normierten Teilspektren dreier Stahlproben. Die Linie Fe-I-337,08 wurde in diesem Diagramm als Referenz genutzt, da diese sich im dargestellten Bereich befindet – im Gegensatz zur weiter entfernten Linie Fe-I-339,93, die sich jedoch für eine tatsächliche Analyse als geeigneter erwiesen hat. Die Titanlinie wird von einer Chromlinie teilweise überlagert. Bei Proben, die viel Chrom enthalten, wird daher eine zu hohe Titanintensität gemessen. Dies ist in Bild 6.2 (Mitte, links) dargestellt. Die meisten Proben enthalten nahezu kein Titan, die Titanintensität wird hier durch den Chromgehalt dominiert. Wenn dieser Einfluss bei der Ermittlung der Analysenfunktion nicht berücksichtigt wird, so gibt es eine Korrelation zwischen den Residuen ΔQ_{Ti} und dem Chromgehalt der jeweiligen Probe. Für das Residuum ΔQ_{Ti} einer Probe gilt:

$$\Delta Q_{\mathrm{Ti}} = Q_{\mathrm{Ti}} - f_{\mathrm{A}}^{-1}\left(c_{\mathrm{Ti}}\right). \tag{6.19}$$

Dabei ist $f_{\mathrm{A}}^{-1}\left(c_{\mathrm{Ti}}\right)$ die Umkehrung der Analysenfunktion, siehe Gleichung (6.7). ΔQ_{Ti} ist sozusagen der horizontale Abstand, den die Wertepaare der Proben von der Analysenfunktion haben. Diese Residuen lassen sich auch als Funktion einer Chromlinie in der Form

$$\Delta Q_{\mathrm{Ti}} = f_{\Delta}\left(Q_{\mathrm{Cr}}\right) \tag{6.20}$$

darstellen. Bei einer unbekannten Probe sind sowohl Titan- als auch Chromgehalt unbekannt, gemessen werden die mittleren referenzierten Intensitäten Q_{Ti} und Q_{Cr}. Mit der Korrekturfunktion aus Gleichung (6.20) kann dann der Einfluss von Chrom auf die Titanlinie ΔQ_{Ti} herausgerechnet werden. Voraussetzung dafür ist, dass die Q_{Cr} isoliert betrachtet werden kann. Im gezeigten Beispiel, siehe Bild 6.2, wurde der Einfluss der „Störlinie“ Cr337,21 über die isoliert beobachtbare Cr293,45 korrigiert.

Die Korrekturfunktion kann aus der Kalibriermessreihe bestimmt werden, wie in Bild 6.2 (Mitte, rechts) dargestellt. Eine Überlagerung von Linien zeigt sich um so deutlicher, je geringer der Anteil des zu analysierenden Elementes in der Probe ist. Es kann daher notwendig sein, den

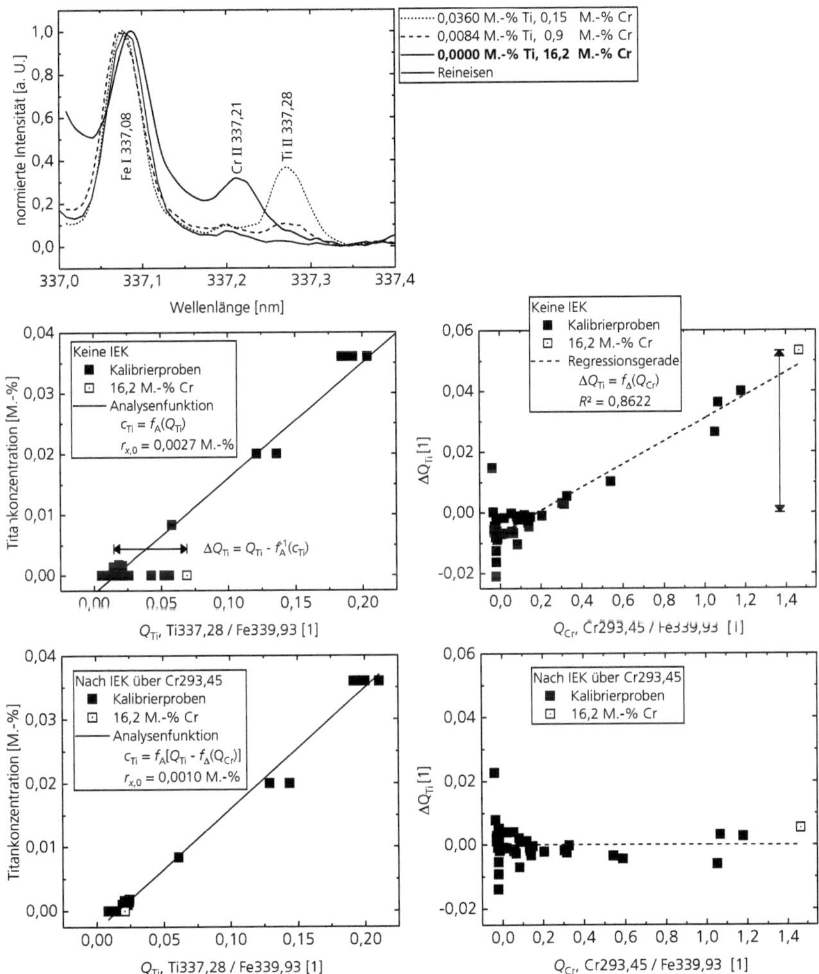

Bild 6.2: Oben: Linienüberlapp von Titan und Chrom, normiert auf eine Eisenlinie; Mitte, links: Analysenfunktion ohne Interelementkorrektur (IEK). Das Residuum ΔQ_{Ti} einer Probe ist die Differenz zwischen dem Messwert Q_{m} und $f_{\mathrm{A}}^{-1}(c_{\mathrm{Ti}})$, dem Wert der umgekehrten Analysenfunktion; Mitte, rechts: Relation zwischen den Residuen ΔQ_{Ti} und dem Chromsignal Q_{Cr}. Der größte Wert für ΔQ_{Ti}, eingezeichnet als Messbalken, beträgt 0,0531. Unten: Analysenfunktion und ΔQ_{Ti} nach der IEK.

betrachteten Probensatz zu reduzieren. Die Interelementkorrektur (IEK) aus Gleichung (6.20) wurde im Rahmen dieser Arbeit als lineare Funktion der Korrekturlinie Q_k, in diesem Fall Chrom Cr293,45, bestimmt. Um die beste Korrekturlinie zu finden, wurde jede gemessene Linie testweise als Korrekturlinie genutzt. Dabei wurden zunächst alle Linien auf eine einheitliche Referenzlinie normiert und für jede potentielle Korrekturlinie Q_k die Korrelation zwischen Q_k und den Residuen ΔQ der Kalibrierung berechnet. Je höher die Korrelation, desto eher kommt diese Linie für eine IEK in Frage. Anhand der Linie Q_x, bei welcher diese Korrelation am höchsten ist, wurde nun getestet, ob eine IEK überhaupt sinnvoll ist. Wenn sich der RSS-Wert der Kalibrierfunktion um mindestens 10 % verbesserte, wurde der Zusammenhang zwischen Q_x und ΔQ als signifikant eingestuft und die IEK beibehalten. Die Linie Q_x wurde danach aus der Liste der Korrekturlinien entfernt und für das Verfahren für die verbliebenen Linien wiederholt. Dieses Schema ist in Bild 6.3 als Flussbild dargestellt. Insgesamt entspricht diese Vorgehensweise der „intensitätsbasierten Korrektur“ [TSM06].

In dieser Arbeit zeigte sich jedoch, außer bei Titan, keine signifikante Verbesserung durch dieses Verfahren. Es wurde daher lediglich dazu genutzt, Störungen durch die Überlagerung von Linien auszuschließen. Ein solcher Einfluss kann ausgeschlossen werden, wenn die Residuen ΔQ weder mit den Linienintensitäten, noch mit den bekannten Vergleichsgehalten der anderen Elemente korrelieren. Demzufolge konnte eine merkliche Überlagerung zweier Linien bereits über die Auswahl der Linien und der Integrationsbereiche weitgehend verhindert werden.

Weitere Interelementeffekte werden in der Literatur als Matrixeffekte beschrieben. Hierbei beeinflussen die Drittelemente nicht den eigentlichen Messprozess, wie im Fall der Linienüberlagerung. Stattdessen wird das optische Emissionsverhalten des zu untersuchenden Elementes selbst beeinflusst. Ein in [CR06] genanntes Beispiel ist die Zugabe eines leicht ionisierbaren Elementes, wie etwa Cäsium, in das Plasma. Durch den Anstieg der Elektronendichte sinkt der Ionisationsgrad der anderen Elemente gemäß dem Prinzip von Le Chatelier. Betrachtet man also eine Chrom-Ionenlinie, so wird die Intensität durch die Cs-Zugabe absinken, während die Intensität einer Cr-Atomlinie ansteigt. Bei einem Plasma, welches kein Chrom enthält, würde durch die Cs-Zugabe die Cr-Intensität nicht verändert werden – anders, als wenn die Störung durch eine Linienüberlagerung verursacht würde. Es ändert sich also die Steigung der

Kalibrierfunktion. Bei der Analyse von Barium mittels LIBS wurde eine Änderung um den Faktor 3 beschrieben, je nachdem ob die Matrix aus Sand oder Erde bestand [Aar+96]. In der Stahlanalytik können die Kohlenstoff-Messungen vom Element Chrom gestört werden [TSM06].

Im Rahmen dieser Arbeit wurden die Kalibrierkurven auf Matrixeffekte in analoger Weise wie auf Linienüberlagerungen überprüft. Anstelle der Residuen $\Delta Q = Q_\mathrm{m} - f_\mathrm{A}^{-1}(c)$ wurde hierzu das Verhältnis $\frac{Q_\mathrm{m}}{f_\mathrm{A}^{-1}(c)}$ betrachtet. Hier werden jedoch Proben mit etwas höherer Analytkonzentration betrachtet. Je geringer die Analytkonzentration ist, desto schwieriger ist es, eine Änderung der Kalibriergeraden zu beobachten. Bei den untersuchten Proben konnte jedoch kein signifikanter und reproduzierbarer Zusammenhang zwischen $\frac{Q_\mathrm{m}}{f_\mathrm{A}^{-1}(c)}$ und einem Drittelement oder einer Linienintensität beobachtet werden. Im Folgenden werden daher die Matrixeffekte nicht weiter berücksichtigt.

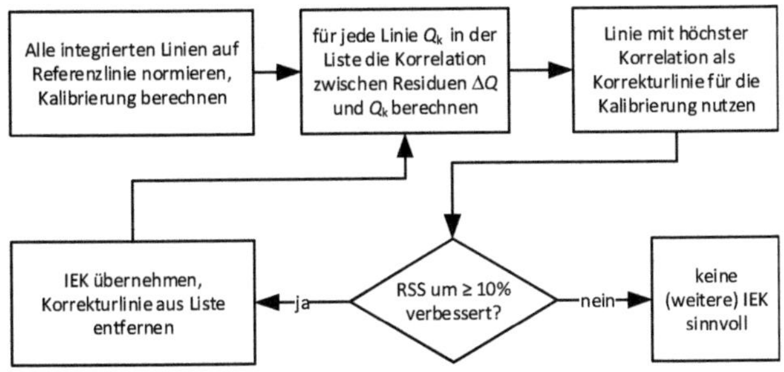

Bild 6.3: Entscheidungsbaum einer Interelementkorrektur

7 Ergebnisse und Diskussion

7.1 Untersuchung der Ablationsrate

Wie bereits im Abschnitt 3 beschrieben, sind die Oberflächen eines Stranggussblocks nicht repräsentativ für die Zusammensetzung im Inneren. Diese Deckschichten lassen sich in Oxide und metallische Schichten aufteilen. In diesem Abschnitt soll untersucht werden, wie stark diese beiden Schichtarten von der fokussierten Laserstrahlung abgetragen werden. Verglichen wurde dabei eine lose Zunderprobe mit einer geschliffenen, niedriglegierten Stahlprobe, siehe Bild 7.1. Die Zunderschichten, die sich auf diffusionsgeglühten Blöcken bilden, sind deutlich dicker als die Schichten, welche auf den zu messenden Blöcken zu erwarten sind. Die für die Abtragsversuche verwendete Zunderprobe hat eine Dicke von 13 mm. Zur Erzeugung je eines Krater wurde der Laserfokus in konzentrischen Kreisen mit einem Radius von bis zu $R_{\max} = 0{,}75$ mm über die Probe bewegt. Die Abtragsdauer und die Parametrierung der Laserstrahlungsquelle wur-

Bild 7.1: Proben der Abtragsversuche. Links: Zunderprobe, Dicke ca. 13 mm. Rechts: (Stahl)Probe 64, in mehrere Stücke zerteilt. Die Abtragsversuche wurden an den geschliffenen Seiten durchgeführt [Mei+16].

den variiert. Diese wurde jeweils mit Repetitionsraten von 100 Hz und 120 Hz im nur-Doppelpuls-Modus (DPO) betrieben, sowie mit 60 Hz im Reinigungsmodus (CM). Die Abtragsdauer wurde zwischen 5 Sekunden und maximal 40 Sekunden variiert. Die Kraterprofile wurden mit einem Alicona „Infinite-Focus“ 3D-Mikroskop untersucht [Ali15]. Dabei handelt es sich um ein optisches Mikroskop, welches über die Probe bewegt wird. Die Höhe der Probe wird dabei punktuell mithilfe der geringen Tiefenschärfe des Mikroskops ermittelt. Der Benutzer gibt das abzurasternde Volumen vor, eine Software bestimmt die Oberflächenstruktur aus den aufgenommenen Bildern automatisch.

Das Kraterprofil einer Stahlprobe ist in Bild 7.2 dargestellt. Abgetragen wurde hierbei 20 Sekunden mit dem Reinigungsmodus CM der Laserstrahlungsquelle. Eingezeichnet ist auch die „effektive Kratertiefe“, in diesem Beispiel ca. 775 µm. Damit wird diejenige Tiefe bezeichnet, in welcher das zy-Profil des Kraters eine Breite von 500 µm aufweist. In diesem Abschnitt wird zunächst angenommen, dass Deckschichten die sich über der effektiven Kratertiefe befinden, eine LIBS-Messung nicht

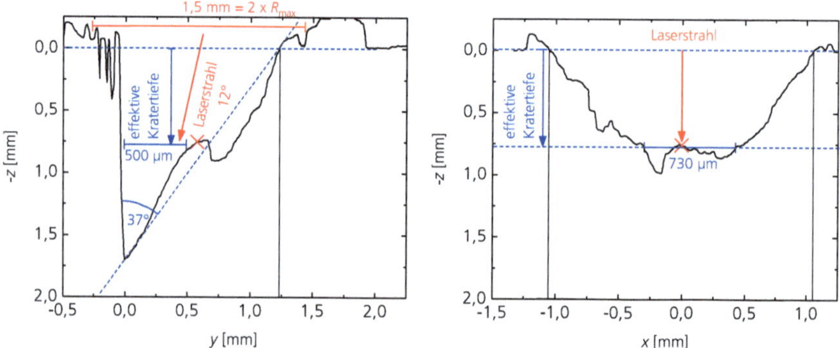

Bild 7.2: Rechts: Kraterprofil in der Stahlprobe nach 20 Sekunden Abtrag mit Reinigungsmodus (CM). Links: zy-Profil. Die Richtung des Laserstrahls beträgt 12°, gemessen an der Oberflächennormalen der Probe. In der „effektiven Kratertiefe“ ist das zy-Profil des Kraters definitionsgemäß 500 µm breit [Mei+16]. Definition der Achsen, siehe Bild 4.2. Rechts: zx-Profil. Der Schnittpunkt der Profile ist mit einem X markiert.

beeinflussen. In Abschnitt 7.7 wird dieser Aspekt näher untersucht. Die Asymmetrie des Profils in y-Richtung ist auffallend. Die linke Kraterwand ist nahezu senkrecht und der Öffnungswinkel des Kraters beträgt ca. 37°. Die Winkelhalbierende kann als Schiefe des Kraters betrachtet werden, sie liegt mit ca. 18° über dem Winkel von 12° mit welchem der Laserstrahl auf die Probe trifft. Der Winkel zwischen Laserstrahl und Probe ist der einzige Symmetriebruch in y-Richtung. Eine Erklärung für die erhöhte Schiefe könnte sein, dass auf der Kraterwand die dem Laserstrahl zugewandt ist, ein höherer Abtrag stattfindet als auf der gegenüberliegenden. Das Kraterprofil in x-Richtung ist weitgehend symmetrisch. Der Argonstrom, der mit $\alpha_G \approx 45°$, siehe Bild 4.2, in dieser Messreihe einen Symmetriebruch in x-Richtung darstellt, scheint also keinen signifikanten Einfluss auf die Kraterform zu haben. In der effektiven Kratertiefe, die aus dem zy-Profil ermittelt wurde, beträgt die Profilbreite in x-Richtung ca. 730 µm. In der Mitte des zx-Profils beträgt die Kratertiefe ca. 750 µm, wobei es sich jedoch um ein lokales Artefakt handelt, welches nicht weiter betrachtet wurde.

Während der Messung ist die Auslenkung R_{max} kleiner als während der Abtragsphase. Da jedoch der Abtrag asymmetrisch erfolgt, ist es nicht trivial zu bestimmen, wo im Krater sich der Laserstrahl bei dieser Auslenkung befindet. Im günstigsten Fall, hinsichtlich dem Durchdringen evtl. vorhandener Deckschichten, erfolgt die Messung an der tiefsten Stelle im Krater. Eine pessimistischere Abschätzung ist, dass der obere Kraterrand alleine durch die Verschiebung des Fokuspunkts vorgegeben wird. Ohne Auslenkung verläuft der Laserstrahl durch das Zentrum des Kraterquerschnitts in der Oberflächenebene. Der schematische Strahlverlauf für diesen Fall ist in Bild 7.2 eingezeichnet. Die Laserstrahlachse trifft hier in der „effektiven Kratertiefe“ auf die Probe.

Der Vergleich der effektiven Kratertiefen für unterschiedliche Lasermodi und Probenmaterialien ist in Bild 7.3 dargestellt. Bei gleichen Lasereinstellungen (DPO-Modus) beträgt der Abtrag von Zunderschichten mehr als das Fünffache, verglichen mit einer Stahlprobe. Wenn im CM von einer Zunderprobe abgetragen wird, so ist bereits nach 15 s eine effektive Kratertiefe von 2 700 µm erreicht; bei längeren Abtragszeiten konnte der Kraterboden nicht mehr mit dem genutzten Mikroskop ausgemessen werden, da dieser nicht ausreichend ausgeleuchtet werden konnte. Diese Messungen (offene Symbole) stellen daher nur eine untere Grenze für die effektive Kratertiefe dar. Bei der Stahlprobe beträgt die effektive

Kratertiefe nach 20 s Abtragszeit ca. 775 µm, wenn im CM abgetragen wird. Wenn stattdessen im DPO-Modus abgetragen wird, wird eine effektive Kratertiefe von ca. 90 µm erreicht. Die Abtragsrate sinkt beim Wechsel in den DPO-Modus demnach auf 10–12 %. Zusammenfassend kann festgestellt werden, dass Zunder schneller zu ablatieren ist als Metall und dass die Abtragsraten in CM höher sind als im DPO.

Das ablatierte Volumen des in Bild 7.2 gezeigten Kraters liegt bei etwa 1,3 mm^3. Das entspricht einer durchschnittlichen Stahl-Abtragsrate von 3,9 $mm^3 min^{-1}$. Umgerechnet auf einen einzelnen CM-Laserzyklus entspricht das einem Masseabtrag von etwa 8,5 µg.

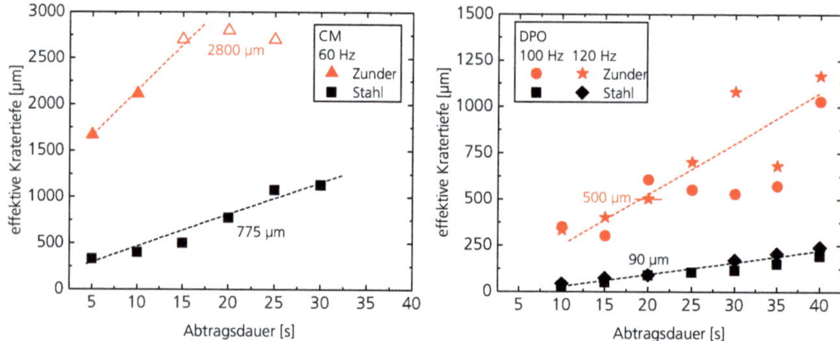

Bild 7.3: Materialabtrag von Zunder und Stahl bei unterschiedlichen Lasereinstellungen. Links: Nur Doppelpuls (DPO) mit Repetitionsraten 100 Hz und 120 Hz. Rechts: Abtrag im Reinigungsmodus (CM) mit einer Repetitionsrate von 60 Hz. Man beachte die unterschiedlichen Skalierungen der beiden Diagramme. Offene Symbole bezeichnen Messungen, bei denen der Kraterboden nicht vollständig ausgeleuchtet werden konnte. Diese Messwerte bilden eine untere Schranke für die effektive Kratertiefe. Der ungefähre Verlauf der effektiven Kratertiefe ist als strichlierte Linie dargestellt.

7.2 Charakterisierung der Deckschichten

Die Oxidschicht einer typischen Probe ist in Bild 7.4 dargestellt. Bei dieser Probe 63, beträgt die Dicke der Oxidschicht etwa 350 µm. Einzelne Teile der Oxidschicht sind von dieser Probe bereits abgeblättert. Einige dieser Anhaftungen lösen sich bereits beim Transport auf dem Rollgang; es ist zu erwarten, dass bei den weiteren Schritten der Präparation die Oxidschicht weiter beschädigt wurde. Im Mikroskopbild zeigt sich, dass die Oxidschicht porös und heterogen ist. An einigen Stellen scheinen sich Teile der Oxidschicht flächig von der Probe abgelöst zu haben, sodass Hohlräume vorhanden sind.

Wird die Probe vor dem Schliff eingebettet, wie bei den meisten Querschliffuntersuchungen üblich, so können die Hohlräume mit der Einbettmasse gefüllt werden. Wenn unter Druck eingebettet wird, ist es jedoch auch denkbar, dass die Hohlräume komprimiert werden. Daher empfiehlt es sich, die obere Schicht auch ohne Einbettung zu untersuchen. Eine mögliche Kompression der Hohlräume ist jedoch irrelevant, wenn das Material unterhalb der losen, Hohlraum behafteten Schicht untersucht werden soll. Für die Untersuchungen der metallischen Seigerungsschichten wurden die Proben daher vor dem Schliff in Kunststoff eingebettet. Nach dem Schliff wurden die Proben poliert und nitalgeätzt. Das Ätzmedium hierbei ist eine ethanolische Salpetersäure mit einer Konzentration bis 3 %. Bild 7.5 zeigt bei einer anderen Probe den Vergleich zwischen der Stirnfläche

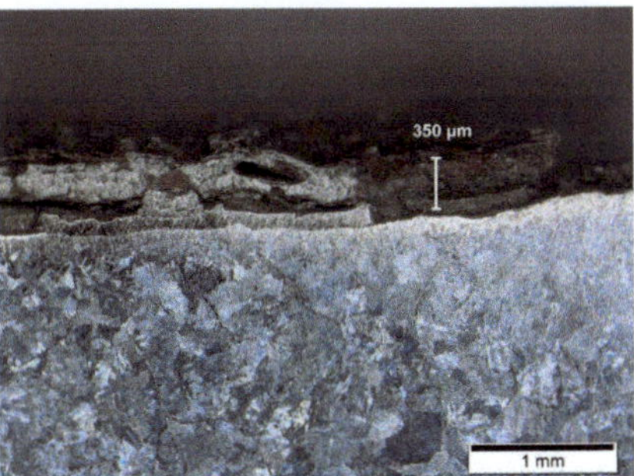

Bild 7.4: Links: Probe 63, Kantenlänge ca. 3,5 cm. Rechts: Mikroskopaufnahme der Grenzfläche zwischen Metall und Oxid. Die Probe wurde ohne Einbettung angeschliffen und geätzt [Mei+16].

und der Gussfläche eines Blocks. In beiden Bildern ist eine Oxidschicht zu erkennen, deren Dicke zwischen 80 µm und 200 µm schwankt. In der Gefügestruktur unter der Stirnfläche sind mit zunehmender Tiefe keine größeren Änderungen zu erkennen. Bei der Gussfläche ist dagegen eine Zwischenschicht erkennbar, deren Dicke etwa 510 µm aufweist. Darunter ist keine weitere deutliche Änderung in der Struktur festzustellen.

Der in Bild 7.5 (rechts) zu sehende Krater wurde mit einer Prüfsequenz ohne Reinigungspuls abgetragen; sowohl in der Abtrags- als auch in der Messphase wurde die Laserstrahlungsquelle im DPO-Modus betrieben. Die Grenzschicht wurde, zumindest in der Schliffebene, vom Laserstrahl nicht durchdrungen. Details zu dieser Messreihe werden im Abschnitt 7.3 beschrieben. Eine Messung der chemischen Zusammensetzung der Grenzschicht mit REM-EDX zeigt, dass an der Oberfläche der Chromgehalt deutlich reduziert ist, siehe Bild 7.6. Die Schmelzanalyse dieser Probe ergab eine Chromkonzentration von 1,74 M.–% im Grundmaterial. Diese wird mit REM-EDX erst ab einer Tiefe von etwa 600 µm gemessen. In einer Tiefe von 500 µm wurde eine Chromkonzentration von nur 0,33 M.–% gemessen, in noch geringeren Tiefen ist Chrom nicht nachweisbar. Bei Nickel zeigt sich ein gegensätzlicher Trend. Hier werden mit REM-EDX nahe der Oberfläche Nickelkonzentrationen über 2 M.–% gemessen, in Tiefen ab ca. etwa 600 µm nähern sich die Messwerte an den Vergleichswert (Schmelzanalyse) von 1,45 M.–% an. Der gemessene Eisengehalt der

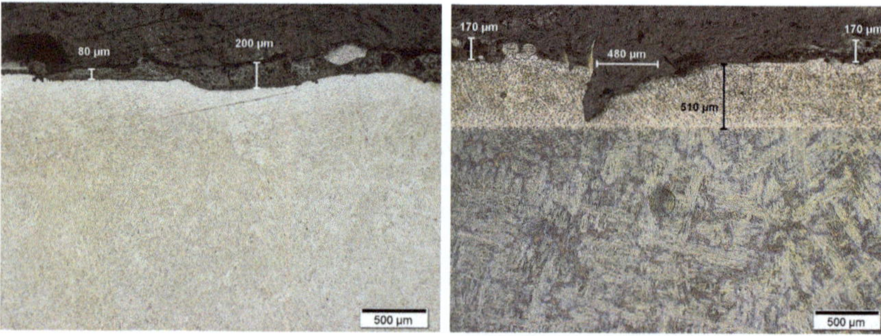

Bild 7.5: Nitalgeätzte Querschliffe einer Stirnfläche (links) und einer Gussfläche (rechts) der Probe 9 (niedriglegiert) [Mei+16]. Bei der Gussfläche ist außerdem ein Krater einer LIBS-Messung zu erkennen.

Zwischenschicht liegt bei über 90 M.–%, die Sauerstoffkonzentration bei $\leq$ 1,3 M.–%. Bei der Schicht handelt es sich demnach tatsächlich um eine metallische Deckschicht, nicht um eine Oxidschicht. Die Kohlenstoffkonzentration konnte mit dieser REM-EDX-Messung nicht erfasst werden. Da Änderungen der Kohlenstoffkonzentration jedoch qualitativ im Querschliffbild erkennbar sind [Bou08], wird an dieser Stelle davon ausgegangen, dass sich die Kohlenstoffkonzentration unterhalb von den sichtbaren Deckschichten nicht mehr wesentlich ändert.

Um LIBS-Messungen für eine zuverlässige Verwechslungsprüfung zu benutzen, müssen solche metallischen Deckschichten vollständig durchdrungen werden können. Die chemische Zusammensetzung einer solchen Schicht kann dem Grundmaterial einer anderen Stahlgüte entsprechen. Sind solche Schichten zu dick um während der Abtragsphase entfernt werden zu können, ist es nicht nur unmöglich, dass Kernmaterial zu untersuchen. Es ist ebenso unmöglich, ohne weitere Untersuchungen die Messung als ungültig zu klassifizieren. Es wäre jedoch denkbar die Schichtstruktur selbst als Unterscheidungsmerkmal zu benutzen, wenn diese innerhalb eine Charge reproduzierbar wäre.

Wie jedoch in Bild 7.7 zu sehen ist, kann bereits auf ein und derselben Probe die Schichtdicke deutlich variieren. In der Bildmitte beträgt die Dicke der Deckschicht etwa 290 µm, rechts im Bild verjüngt sich die Schicht, bis sie schließlich nicht mehr als solche erkennbar ist. Die Krater stammen aus Prüfsequenzen, bei denen zunächst 20 s im CM-Mode abgetragen wurde. Beide Krater haben die Schicht deutlich durchdrungen. Weitere Untersuchungen an anderen Proben mit ähnlicher Zusammensetzung haben gezeigt, dass die Schichtdicke dieser Deckschichten auch von Charge zu Charge stark variiert. Während sie bei manchen Proben bei über 600 µm liegt, fehlt sie bei anderen Proben gänzlich. Es ist daher nicht auszuschließen, dass diese Deckschichten bei einigen Blöcken eine LIBS-basierte Verwechslungsprüfung unmöglich machen. Dies ist nur im Feldtest oder im Rahmen einer umfangreichen Probennahme zu überprüfen.

Nach diesen Querschliffuntersuchungen erscheint eine Messung an der Stirnfläche vielversprechend. Die Deckschichten dort bestehen vorrangig aus Oxiden, metallische Deckschichten durch Seigerungseffekte sind dort nicht zu erwarten. Oxide lassen sich, wie in Abschnitt 7.1 gezeigt, deutlich leichter abtragen als metallische Deckschichten. Allerdings müsste das Messgerät für eine Messung an der Stirnseite im Verfahrbereich der Blöcke

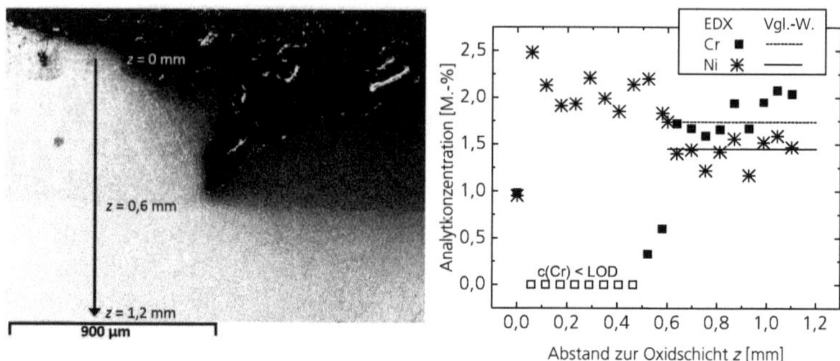

Bild 7.6: Links: REM Aufnahme der Gussfläche von Probe 9, vgl. Bild 7.5. Auf dem Pfeil liegen die Messpunkte der EDX-Messung (rechts). Offene Symbole zeigen Messstellen, an denen der Chromgehalt unter der Nachweisgrenze liegt. Die Vergleichswerte der Schmelzanalyse dieser Probe sind als Linien eingezeichnet.

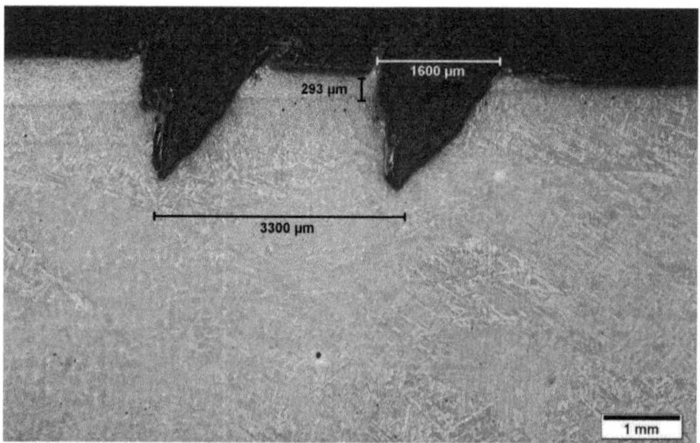

Bild 7.7: Dickenvariation einer metallischen Deckschicht bei Probe 9 (niedriglegiert). Die rechte Kante des Bildes zeigt die unmittelbare Umgebung der ursprünglichen Blockaußenkante. Die Blockmitte befindet sich links vom dargestellten Bereich.

auf dem Rollgang positioniert werden. Der in Kapitel 4.1 beschriebene Ablauf setzt voraus, dass die Gussflächen der Blöcke gemessen werden. Ein Prüfverfahren, welches auf die Messung der Stirnseite basiert, könnte daher nur mit zusätzlichem Automatisierungsaufwand in Feldversuchen erprobt werden.

7.3 Vergleich von LIBS-Messungen an Stirn- und Gussfläche

Im Abschnitt 7.2 wurde gezeigt, wie sich die Oberflächenstruktur an Guss- und Stirnfläche unterscheidet. Die Abtragsversuche aus Abschnitt 7.1 ließen vermuten, dass auch ohne Reinigungspuls die Oxidschicht hinreichend schnell abgetragen werden kann, nicht jedoch metallische Deckschichten. Inwieweit sich die verwendeten Proben ohne Reinigungspuls tatsächlich analysieren lassen, soll im Folgenden untersucht werden.

Die zeitliche Abfolge gliederte sich wie folgt: In der Abtragsphase, vgl. Abschnitt 4.5, wurde der Laserfokus 20 Sekunden mit $R_{\text{max}} = 0{,}75\,\text{mm}$ über die Probenoberfläche bewegt, in der Messphase 10 Sekunden mit $R_{\text{max}} = 0{,}16\,\text{mm}$. In beiden Phasen wurde die Laserstrahlungsquelle im DPO-Modus bei einer Repetitionsrate von 100 Hz betrieben.

Bild 7.8 zeigt den Zusammenhang zwischen Konzentration und referenzierter Intensität Q für die Elemente Chrom, Nickel, Mangan und Molybdän. Bei allen Elementen unterscheiden sich die Kurven der Stirnfläche nur wenig von den Messungen am geschliffenen Grundmaterial. Bei der Gussfläche hingegen sind die Q-Werte für Chrom und Mangan bei der Mehrzahl der Proben in Richtung niedriger Werte verschoben. Diese Beobachtung kann damit erklärt werden, dass eine evtl. vorhandene Deckschicht nur unzureichend abgetragen wird. Bei Nickel werden bei Messung an der Gussfläche höhere Q-Werte gemessen, als an den übrigen Flächen. Die Oberflächenbeschaffenheit scheint bei Nickel jedoch einen geringeren Einfluss auf das Messergebnis zu haben, als bei Chrom oder Mangan. Die relativen Verfahrensstandardabweichungen $R_{x,0}$ der Kalibrierungen sowie die mittleren quadratischen Fehler R sind in Tabelle 7.1 zusammengefasst. Bei jedem der untersuchten Elemente ist der R-Wert, also die Richtigkeit an der Gussfläche am schlechtesten.

Tabelle 7.1: Relative RMSE-Fehler R bei unterschiedlichen Oberflächen und relative Reststandardabweichung $R_{x,0}$ der Kalibrierung. Messreihe ausschließlich im DPO-Modus. Die Größe $\langle c \rangle$ bezeichnet die durchschnittliche Konzentration aller Proben der Messreihe.

	geschliffen $R_{x,0}$ [%]	Stirnfläche R [%]	Gussfläche R [%]	mittlere Konzentration $\langle c \rangle$ [M.–%]
Chrom	7,1	12,8	51,23	0,89
Nickel	7,8	12,7	35,5	0,26
Mangan	4,7	7,8	57,37	1,02
Molybdän	12,7	25,1	19,58	0,11

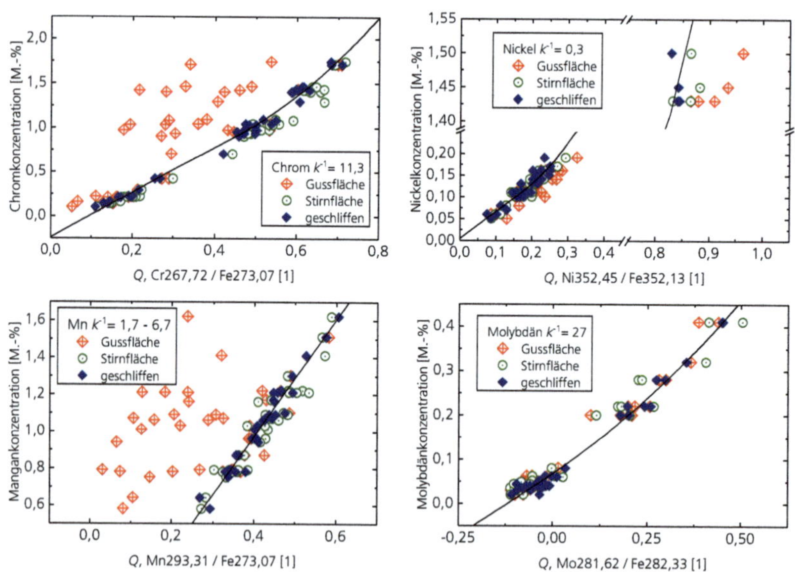

Bild 7.8: LIBS-Messungen bei unterschiedlicher Oberflächenbeschaffenheit. Die Abtrags- und die Messphase erfolgte ausschließlich im DPO-Modus. Jede Probe wurde von drei Seiten gemessen, vgl. Bild 5.1 (links). Für die gezeigten Analytelemente ist auch der Seigerungskoeffizient k^{-1} angegeben. Kennzahlen der Messreihe, siehe Tabelle 7.1.

Die Beschaffenheit der Deckschicht, welche in Abschnitt 7.2 untersucht wurde, passt zu diesen Ergebnissen. Die beobachteten An- und Abreicherungen in der Gussfläche können über die Seigerung während der Erstarrung erklärt werden. Die Seigerungskoeffizienten k^{-1} sind bei Chrom und Mangan größer als 1, sodass in der Randschicht eine Verarmung des Elements zu erwarten ist, siehe hierzu Abschnitt 3.2. Bei Nickel ist dagegen $k^{-1} < 1$, was sich mit der beobachteten Anreicherung deckt. Verglichen mit Chrom scheinen bei Molybdän die Deckschichteffekte eine deutlich geringere Rolle zu spielen, obwohl Molybdän einen mehr als doppelt so hohen Seigerungskoeffizient wie Chrom aufweist. Eine plausible Erklärung wäre, dass Molybdän eine geringere Diffusivität als Chrom aufweist, was dem Entstehen von merklichen Molybdän-verarmten Deckschichten entgegenstehen würde. Dem steht jedoch die Tatsache entgegen, dass für Chrom [TYM70] und Molybdän [OS77] sehr ähnliche Diffusionskoeffizienten gemessen wurden.

Im Rahmen dieser Arbeit ist jedoch nur die Frage entscheidend, wie durch Laserablation der Oberflächenschicht das repräsentative Grundmaterial erreicht werden kann. Hier sind Chrom und Mangan offensichtlich die „kritischen“ Elemente. Der Vergleich der einzelnen Messreihen zeigt, dass eine Verwechslungsprüfung an der Gussfläche eine deutlich höhere Abtragstiefe erfordert, als in der vorgegebenen Zeit mit Doppelpulsen der verwendeten Laserstrahlquelle erreichbar ist. Für die Abtragsphase ist der CM, zumindest an der Gussfläche, daher unabdingbar.

7.4 LIBS-Messungen mit unterschiedlichen Lasereinstellungen

Der Materialabtrag der metallischen Deckschichten soll in diesem Abschnitt spektroskopisch anhand von Chromlinien untersucht werden. Die Untersuchungen aus Abschnitt 7.2 haben gezeigt, dass sich metallische Deckschichten im Chromgehalt deutlich vom Grundmaterial unterscheiden. Da die Chromkonzentration auch einer ortsaufgelösten Vergleichsmessung mittels REM-EDX zugänglich ist, sind Chrom-Messungen mit LIBS ein aussichtsreicher Indikator für die Fähigkeit des Messverfahrens nicht-repräsentative Deckschichten zu durchdringen. Im Reinigungsmodus (CM) wird die Blitzlampe zweimal pro Zyklus gezündet, welcher mit einer Repetitionsrate von 60 Hz wiederholt wird. Nach der ersten Zündung wird die Laserenergie in etwa zehn Pulsen emittiert, welche den Reinigungspulszug bilden. Nach der zweiten Zündung wird ein Doppelpuls emittiert. In diesem Abschnitt wird zunächst das von diesem Doppelpuls gezündete Plasma untersucht. Der Laserfokus wurde dabei mit einer Auslenkung von bis zu $R_{\text{max}} = 0{,}75\,\text{mm}$ über die Probenoberfläche bewegt. Auch die Dauer der Abtragsphase von 20 Sekunden wurde beibehalten. Verglichen wurde nun, wie sich die LIBS-Spektren während dieser Abtragsphase verändern. Die Datenaufzeichnung erfolgte während der gesamten Abtragsphase, sodass auch die Randbereiche des Kraters in die LIBS-Messungen eingehen.

Neben der Schichtstruktur, die in diesem Abschnitt untersucht werden soll, kommen weitere Ursachen für veränderliche LIBS-Signale in Betracht, insbesondere ein Einfluss der zunehmenden Kratertiefe und die Bewegungen des Laserstrahls über die Probenoberfläche. Um den Einfluss der inhomogenen Materialbeschaffenheit von anderen Effekten abgrenzen zu können, wurde bei jeder Probe eine Messung an der Gussfläche und eine am Grundmaterial durchgeführt. Der Probensatz bestand aus 13 niedriglegierten und 3 hochlegierten Proben.

Bild 7.9 zeigt den zeitlichen Verlauf der referenzierten Chromintensität $\tilde{Q}$ für zwei Proben mit unterschiedlichem Chromgehalt. Bei beiden Proben liefert eine Messung an der Gussfläche zunächst geringere Werte, als eine Messung an der geschliffenen Stelle der entsprechenden Probe. Wenn die Deckschicht entfernt ist, wird das Grundmaterial gemessen, sodass sich die Kurven annähern. Bei Probe 9 ist das nach etwa 6 Sekunden der Fall, bei Probe 3 erst nach etwa 11 Sekunden. Dies ist ein Hinweis darauf, dass Probe 3 eine dickere Deckschicht aufweist. Unter der vereinfachenden Annahme, dass die Kratertiefe linear mit der Abtragszeit zunimmt, vgl. Abschnitt 7.1, können diesen Zeiten effektiven Kratertiefen von etwa 250 µm für Probe 9, sowie 450 µm für Probe 3 zugeordnet werden. Die REM-EDX Vergleichsmessungen sind in Bild 7.9 (rechts) dargestellt. Alle REM-EDX Messungen bestätigen auch hier, dass die Deckschicht weniger Chrom enthält als das Grundmaterial. Die Sauerstoffkonzentration lag an allen Messstellen unter der Nachweisgrenze, sodass ausgeschlossen werden kann, dass anstelle des Metalls die Oxidschicht gemessen wurde. Bei Probe 9 liegt nur der erste EDX-Messpunkt innerhalb der metallischen Deckschicht. Ab dem zweiten Messpunkt, ca. 100 µm entfernt, entspricht die gemessene Zusammensetzung weitgehend der des Grundmaterials.

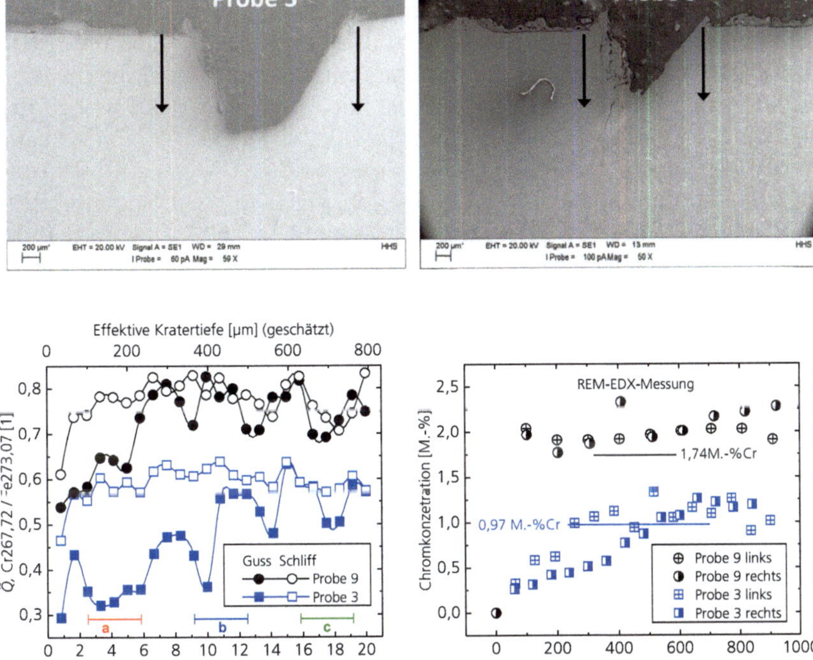

Bild 7.9: Oben: REM-Bilder zweier Krater nach 20 s CM-Abtrag, sowie die Messpfade der EDX-Messung (Pfeile). Unten-links: Verlauf der referenzierten Chromintensität $\tilde{Q}$ während der CM-Abtragsphase. Die beiden Proben haben Chromkonzentrationen von 0,97 M.–% (Probe 3) und 1,74 M.–% (Probe 9). Die Messpunkte der Gussfläche sind mit ausgefüllten Symbolen dargestellt, leere Symbole zeigen die Referenzmessung an der geschliffenen Probenseite. Rechts: REM-EDX-Messung der Chromverteilung. Die Vergleichswerte der Schmelzanalysen sind als horizontale Linien eingezeichnet.

Bei Probe 3 ist die Deckschicht dicker, als bei Probe 9. Dies deckt sich qualitativ mit den LIBS-Messungen. Bei Probe 3 fällt zudem auf, dass die Dicke der Deckschicht auf den beiden Kraterseiten unterschiedlich ist. Quantitativ betrachtet weichen die mit LIBS und REM-EDX ermittelten Schichtdicken bei Probe 9 jedoch voneinander ab. Die REM-EDX Messung der Schichtdicke ergibt einen Wert $\leq 100\,\mu m$ während nach den LIBS-Messungen ein Wert um 250 µm zu erwarten gewesen wäre. Eine plausible Erklärung für diesen Widerspruch ist die Bewegung des Laserstrahls. Bei dem verwendeten Steuerskript „20s-I-A“, siehe Bild A.3 im Anhang, beträgt der Radius der Auslenkung zu Beginn des Abtrags etwa 0,25 mm. Dies ist der Radius des ersten Kreises, in welchem der Fokuspunkt um die optische Achse der Strahlführung ausgelenkt wird. Die Radien der folgenden sechs Kreise werden schrittweise vergrößert, bis nach etwa fünf Sekunden der Radius $R_{\max} = 0,75\,\text{mm}$ erreicht ist. Der nächste Kreis hat wieder einen Radius von 0,25 mm. Bei diesem achten Kreis wird der Laserfokus erstmalig über Bereiche der Probe bewegt, von welchen bereits Material ablatiert wurde. Liegt die Dicke der Deckschicht unter 100 µm, wie die REM-EDX Messung gezeigt hat, so wird diese zwar mit wenigen Laserpulszügen ablatiert. Da jedoch der Fokuspunkt bewegt wird, wird in den ersten fünf Sekunden weiterhin unbeaufschlagtes Material gemessen. Nach diesen fünf Sekunden ist ein deutlicher Anstieg des Chromsignals (LIBS) erkennbar.

Eine Auswertung jedes ausgelesenen Spektrums, wie für Probe 3 und Probe 9 durchgeführt, wird bei einem größeren Probensatz sehr unübersichtlich. Daher wurden aus der Abtragsphase bei den verzunderten Proben drei Bereiche ausgewählt, deren referenzierte Intensitäten jeweils gemittelt wurden. Die entsprechenden Zeitfenster a, b und c sind in Bild 7.9 (links) eingezeichnet. Jedes dieser Zeitfenster erstreckt sich über vier Spektren, deren Q-Werte gemittelt wurden. Bei den Vergleichsmessungen an geschliffenem Material wurden jeweils die ersten 5 Spektren verworfen, alle übrigen referenziert und gemittelt. Bild 7.10 zeigt die Analysenfunktionen für die beiden Linienpaare Cr267,72 referenziert auf Fe273,07 sowie Cr340,33 referenziert auf Fe315,42. Die Linie Cr340,33 ist weniger empfindlich als die Linie Cr267,72 und daher auch für hochlegierte Proben geeignet.

Bei den meisten verzunderten Proben sind die referenzierten Chromintensitäten Q aus Bereich a signifikant geringer, verglichen mit den Bereichen b und c oder auch mit der Vergleichsmessung am Grundmaterial. Zwischen Messungen aus den Bereichen b und c sind keine systematischen Trends erkennbar. Verglichen mit Messungen aus dem Grundmaterial liefern die jeweiligen Messungen an verzunderten Proben auch in den Bereichen b und c etwas geringere Q-Werte. Dies lässt sich damit erklären, dass in jedem gemittelten Spektrensatz auch Messungen aus den Randbereichen des Kraters enthalten sind. Die Messungen legen jedoch nahe, dass an der tiefsten Stelle des Kraters bereits nach dem 11. Spektrum die Deckschichten der untersuchten Proben durchdrungen wurde. Dies entspricht einer Abtragsdauer von 10 Sekunden, also der Hälfte der vorgesehenen 20 Sekunden.

Die LIBS-Messungen aus der Abtragsphase sollen im Folgenden mit Messungen verglichen werden, die in einer gesonderten Messphase aufgenommen wurden. Wenn die Deckschicht lokal ablatiert wurde, ist eine hohe Abtragsrate nicht mehr erforderlich. Es liegt daher auf der Hand, die Laserstrahlungsquelle für die eigentlichen Messungen in den DPO-Modus zu setzen und ohne Reinigungspulszug zu messen. Bild 7.11 zeigt den

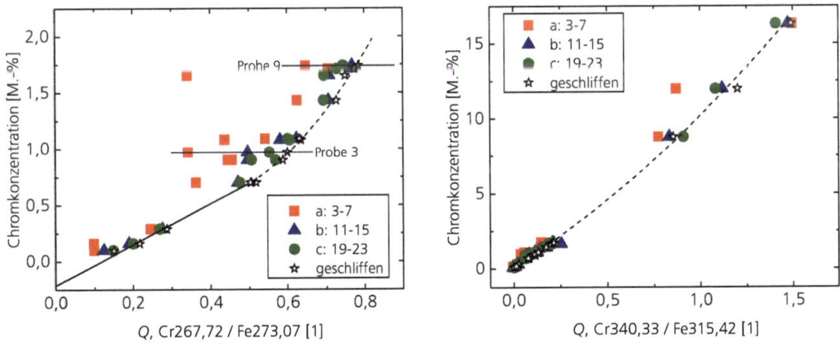

Bild 7.10: LIBS-Messungen während der CM-Abtragsphase. Links: Chromkonzentration < 2 M.–%, Rechts: alle Proben. Bei den verzunderten Messstellen werden die LIBS-Werte aus drei Zeitfenstern (a, b und c; vgl. Bild 7.9) jeweils isoliert betrachtet. In jedes dieser Zeitfenster fließen vier ausgelesene Spektren ein; in Zeitfenster „a" z. B. Spektrum 3 bis Spektrum 7. Zum Vergleich wurde das als homogen angenommene Grundmaterial an einer angeschliffenen Probenstelle gemessen. Im linken Diagramm sind die beiden Proben markiert, deren Q-Werte in Bild 7.9 einzeln dargestellt sind [Mei+16].

Zusammenhang zwischen der Chromkonzentration und der referenzierten Intensität Q. Nach der Abtragsphase, die bei den beiden dargestellten Messreihen unverändert im CM durchgeführt wurde, wurde die Laserstrahlungsquelle für die Messphase 10 Sekunden im DPO-Modus betrieben. Die Auslenkung R_{max} des Laserstrahls wurde in der Messphase auf 0,16 mm reduziert. Die referenzierten Intensitäten Q wurden jeweils aus den letzten

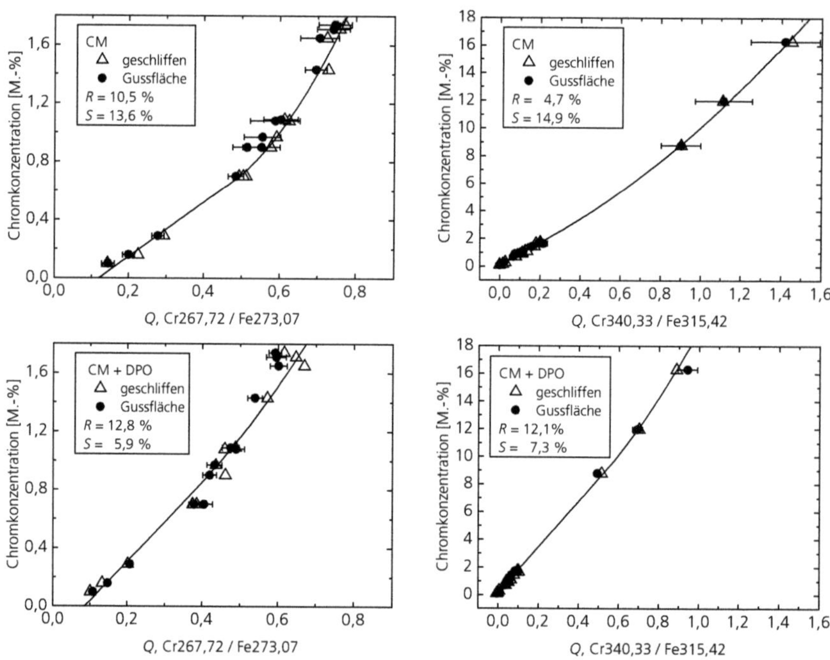

Bild 7.11: Vergleich von LIBS-Messungen unterschiedlicher Lasermodi in Bezug auf Richtigkeit R und Präzision S. Oben: Messungen aus der Abtragsphase im CM. Unten: Messungen aus der DPO-Messphase (120 Hz). Vor der DPO-Messphase wurde die Oberflächenschicht mit einer CM-Abtragsphase lokal ablatiert. Die Q-Werte wurden jeweils aus den letzten 10 ausgelesenen Spektren bestimmt [Mei+16].

10 ausgelesenen Spektren ermittelt. Die Messungen an den geschliffenen Proben wurden dabei zur Aufstellung der Analysenfunktion verwendet, mit welcher die Kennzahlen R und S, siehe Abschnitt 6.2, der Messreihe an der Gusskante ermittelt wurden.

Die Richtigkeiten R sind bei den Messungen im CM besser, insbesondere bei den hochlegierten Proben. Die Präzision S ist jedoch sowohl bei den hoch- als auch bei den niedriglegierten Proben um mindestens einen Faktor 2 besser, wenn im DPO-Modus gemessen wird. Die LIBS-Messungen im CM-Betrieb werden daher in dieser Arbeit nur zur Charakterisierung der Abtragsphase ausgewertet, nicht jedoch zur Materialanalytik. Zum einen weil die Messsignale anhand der Präzision erkennbar stabiler waren, wenn mit DPO-Einstellungen gemessen wird. Zum anderen aber auch aus praktischen Gründen. Im CM-Modus neigt das Verhältnis der Doppelpulse zu stärkerem Driften, welches manuell überwacht und nachgeregelt werden muss. Solche manuellen Eingriffe sind letztlich subjektiver Natur und reduzieren die Vergleichbarkeit innerhalb einer Messreihe.

7.5 Einfluss der Kratertiefe auf die Plasmaparameter

7.5.1 Bestimmung der Plasmatemperatur

Die Abtragsphasen der vorherigen Abschnitte unterscheiden sich dadurch, ob der Laser im Doppelpulsmodus (DPO) betrieben wird oder ob im Reinigungsmodus (CM) jedem Doppelpuls ein Reinigungspulszug vorangestellt wird. Wenn mit Reinigungspulszug abgetragen wird, werden effektive Kratertiefen von ca. 775 µm erreicht, also deutlich mehr verglichen mit den ca. 90 µm die im DPO-Modus abgetragen werden. In diesem Abschnitt soll untersucht werden, wie sich die unterschiedliche Kratertiefe auf die LIBS-Messung auswirkt. Ein tieferes Verständnis hierzu ist wichtig, da Oxide wesentlich effizienter abgetragen werden als Metalle. Bei fest vorgegebener Abtragsphase hängt daher die Kratertiefe von der Dicke der abgetragenen Oxidschicht ab. Diese Größe ist jedoch a priori nicht bekannt. Hinzu kommt die Kalibrierung der Messvorrichtung. Im Hinblick auf eine einfache, reproduzierbare Probenpräparation empfiehlt es sich, für die Kalibrierung geschliffene Proben zu verwenden. In einem späteren

Anwendungsfall müssen jedoch verzunderte Blöcke gemessen werden. Eine Kalibrierung mit geschliffenen Proben ist daher nur zulässig, wenn der Einfluss der exakten Kratertiefe auf das Messergebnis vernachlässigbar ist oder zumindest rechnerisch korrigiert werden kann.

Der Einfluss der Kratertiefe lässt sich anhand von zwei Messreihen mit unterschiedlicher Abtragsphase untersuchen. In dieser wurde die Laserstrahlungsquelle im CM oder DPO betrieben. Alle anderen Parameter wie Abtragszeit, Bewegungsmuster der Strahlauslenkung etc. sowie die Probensätze bei beiden Messreihen sind identisch. Die Oberfläche an der Messstelle war bei allen Messungen geschliffen. Die Abtragsphasen sind im Abschnitt 7.1 beschrieben. Die LIBS-Messung wurde mit 100 Hz im DPO-Mode durchgeführt, wobei das gesamte Plasmaereignis zeitlich integriert wurde. Bild 7.12 zeigt zwei Chrom-Analysenkurven der beiden Messreihen. Die referenzierten Intensitäten Q der Linienkombination Cr267,72 und Fe273,07 unterscheiden sich stärker, als allein durch die Streuung der Messwerte erklärbar ist. Noch deutlicher wird der Unterschied der beiden Messreihen, wenn statt Q die unreferenzierte cts-Intensität der Linie Cr267,72 betrachtet wird. Hier reduziert sich die Intensität durch die höhere Kratertiefe um über 30 %. Durch die Referenzierung wird diese Abnahme des Chromsignals jedoch überkompensiert. Die referenzierten Signale der CM-Proben liegen ca. 20 % über denen, der nur mit Doppelpuls beaufschlagten Proben. Daraus lässt sich schließen, dass die Referenzlinien stärker durch die unterschiedliche Kratertiefe beeinflusst werden.

Die Boltzmannplots der Fe-I-Atomlinien und Fe-II-Ionenlinien von Probe 9 sind in Bild 7.13 dargestellt. Sowohl die Ionentemperatur als auch die Atomtemperatur sind etwas geringer, wenn in einem tieferen Krater gemessen wurde. Die Ordinatenwerte der Atomlinien, letztlich die Intensitäten hängen nur geringfügig von der Kratertiefe ab. Bei den Ionenlinien ist mit zunehmender Kratertiefe eine deutlichere Abnahme erkennbar.

Was für eine Probe exemplarisch in Bild 7.13 veranschaulicht wurde, soll im Folgenden für die gesamte Messreihe untersucht werden. Tabelle 7.2 zeigt die mittleren Temperaturen $\langle T \rangle$ für die beiden Messreihen. Als Fehler sind zwei Größen angegeben: Einmal der Fehler der Temperaturbestimmung $\langle \Delta T \rangle$ über die gesamte Messreihe gemittelt. Der Fehler ΔT ergibt sich, für eine Probe, aus der Nichtlinearität der Boltzmannplots, siehe Gleichung (2.19). Wenn für alle Proben die Boltzmannplot-

Wertepaare jeweils auf einer Geraden liegen, ohne um diese zu streuen, so gilt $\langle \Delta T \rangle = 0$ Kelvin; die ermittelten Temperaturen können sich dabei durchaus unterscheiden. Eine weitere Fehlerangabe ist die Standardabweichung der errechneten Temperaturen $s(T)$. Dieser Fehler liegt bei 0 Kelvin, wenn für jede Probe der Messreihe dieselbe Temperatur ermittelt wird.

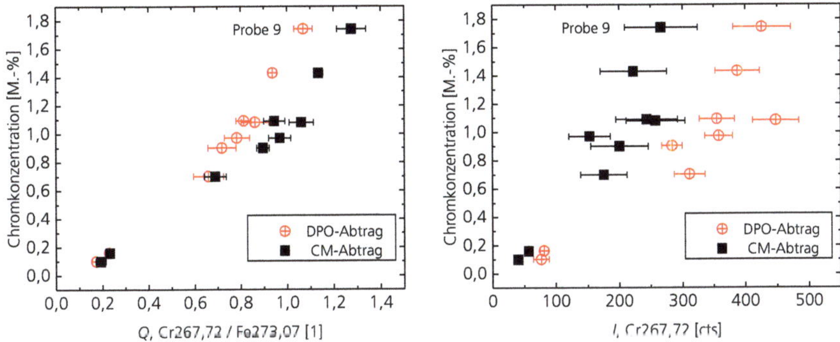

Bild 7.12: LIBS-Messungen nach Abtragsphasen im DPO bzw. CM-Mode. Die Messphasen beider Versuchreihen wurden gleichermaßen im DPO-Modus durchgeführt. Links: Auf Fe273,07 referenzierte Intensität, rechts: unreferenziertes Signal. Der Boltzmannplot von Probe 9 ist in Bild 7.13 dargestellt.

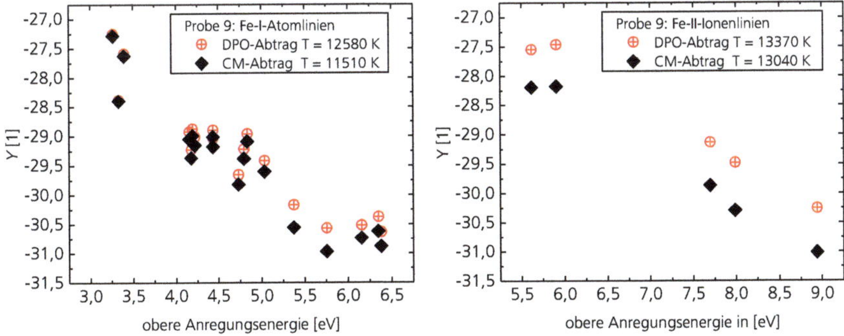

Bild 7.13: Boltzmannplots von Probe 9 bei unterschiedlichen Vorbehandlungen, Versuchsreihe wie in Bild 7.12. Links: Eisen-I-Atomlinien, rechts: Eisen-II-Ionenlinien.

Bei beiden Messreihen liegt die ermittelte Fe-II-Ionentemperatur etwas über der Fe-I-Atomtemperatur. Der mittlere Fehler in der Temperaturbestimmung $\langle \Delta T \rangle$ liegt bei allen Messreihen deutlich über der Standardabweichung $s\,(T)$. Die Temperaturen von Ionen und Atomen werden notwendigerweise mit anderen Linien ermittelt. Es ist daher nicht davon auszugehen, dass die Unsicherheiten ΔT der beiden Spezies mit einander in Verbindung stehen. Da die ermittelten Temperaturdifferenzen zwischen Ionen und Atomen in derselben Größenordnung liegen, wie die jeweiligen Unsicherheiten ΔT, sind die Temperaturunterschiede zwischen Atom- und Ionenlinien nicht als signifikant anzusehen. Im Gegensatz dazu steht der Vergleich der Messreihen DPO-Abtrag vs. CM-Abtrag. Hier können für beide Messreihen die Atom- bzw. Ionentemperaturen jeweils mit demselben Liniensatz ermittelt und anschließend verglichen werden und die Standardabweichung innerhalb einer einzelnen Messreihe als Kriterium benutzt werden, um die Signifikanz der Temperaturunterschiede zwischen den beiden Messreihen zu bewerten. Da die Streuung der beiden Messreihen unabhängig von einander erfolgt, können die beiden Standardabweichungen nach dem Gauß'schen Fehlerfortpflanzungsgesetz wie folgt zusammengefasst werden:

$$s_{ges}(T) = \sqrt{s_{\mathrm{CM}}(T)^2 + s_{\mathrm{DPO}}(T)^2}. \tag{7.1}$$

Die mittleren Atomtemperaturen $\langle T \rangle$ der beiden Messreihen unterscheiden sich um 1 140 K, was etwa dem Vierfachen der ermittelten Standardabweichung $s(T)$ entspricht. Die Ionentemperaturen unterscheiden sich mit 580 K weniger ausgeprägt, aber auch bei der Ionentemperatur beträgt die Differenz der beidem Messreihen mehr als das Doppelte der ermittelten Unsicherheit s_{ges}. Dass eine steigende Kratertiefe sowohl die Linienintensität als auch die Plasmatemperatur reduziert, steht im Widerspruch zu den Ergebnissen der in Abschnitt 2.2.4 zitierten Arbeiten. Eine mögliche Erklärung dafür ist, dass sich mit der Kratertiefe nicht nur die Einengung des Plasmas ändert, sondern auch die Geometrie an der Wechselwirkungsfläche. Je steiler die Kraterwände dort verlaufen, desto größer ist die Fläche, auf die sich die Laserstrahlung verteilt. Dementsprechend reduziert sich die Bestrahlungsstärke.

Eine weitere Möglichkeit, den Einfluss der Kratertiefe auf das Plasmaverhalten zu untersuchen, ist es die Plasmen aus der Abtragsphase selbst auszuwerten, wie in Abschnitt 7.4. Das LIBS-Signal unterliegt beim Abtrag höheren Schwankungen als in der Messphase. Um diese

Tabelle 7.2: Mittlere Plasmatemperaturen der Messreihen aus Bild 7.12. In der CM-Messreihe wurde mit Reinigungspuls abgetragen, in der DPO-Messreihe nur mit Doppelpuls. Die Plasmatemperaturen selbst wurden während der jeweils identischen DPO-Messphase aufgenommen. Alle Temperaturangaben in Kelvin.

	Fe-I			Fe-II		
	$\langle T\rangle$	$\langle \Delta T\rangle$	$s(T)$	$\langle T\rangle$	$\langle \Delta T\rangle$	$s(T)$
DPO-Messreihe	12700	1230	230	13500	790	90
CM-Messreihe	11560	1040	170	12920	720	150
Differenz $\pm s(T)_{\mathrm{ges}}$	1140 ± 290			580 ± 170		

Schwankungen möglichst herauszumitteln und dennoch das Zeitverhalten betrachten zu können, empfiehlt es sich jeweils für jede Probe die Plasmatemperatur als Funktion der Zeit zu bestimmen und diese Funktionen dann über alle Proben zu mitteln. Dabei wird angenommen, dass die Abtragsrate bei allen Proben einer Versuchsreihe konstant ist. Bild 7.14 zeigt die Plasmatemperaturen von verzunderten und geschliffenen Proben in Abhängigkeit der Abtragsdauer bzw. der geschätzten effektiven Kratertiefe, bezogen auf den Abtrag von Stahl. Die zeitliche Integration erfolgte auch hier über das gesamte Plasmaereignis.

Die Temperaturen der Fe-I-Atome und der Fe-II-Ionen nehmen während der Abtragsphase ab. Der Temperaturunterschied zwischen Beginn und Ende des Abtrags beträgt für beide Spezies etwa 500 K. Die Temperaturen der Ionen liegen auch bei dieser Messreihe etwa 1 000 K höher als die der Atome. Zwischen den Messungen an verzunderten und geschliffenen Oberflächen ist kein signifikanter Unterschied zu beobachten, angesichts der Streuungen innerhalb der beiden Messreihen. Nach den bisherigen Untersuchungen wäre zu erwarten gewesen, dass in einer verzunderten Probe mit vorgegebener Abtragsphase tiefere Krater entstehen, was geringere Plasmatemperaturen nach sich zöge. Als Ursache hierfür sind verschiedene Erklärungen denkbar. So sind z. B. Oxidschichten deutlich spröder, als das Metall. Wenn die Oxide bei den ersten Laserpulsen großflächiger abplatzen, so kann sich dabei kein schmaler Krater bilden, welcher einen messbaren Einfluss auf das Plasma hat. Wenn die Oxidschicht bereits während der Abtragsphase keinen Einfluss mehr auf die LIBS-Messung hat, erscheint es nicht sinnvoll die Abtragsphase bei

Kalibrier- und Analysemessreihen unterschiedlich zu wählen und an die Oberflächenbeschaffenheit der jeweiligen Proben anzupassen. Zumindest die Betrachtung der Plasmatemperaturen kann keine Notwendigkeit für eine solche Anpassung belegen.

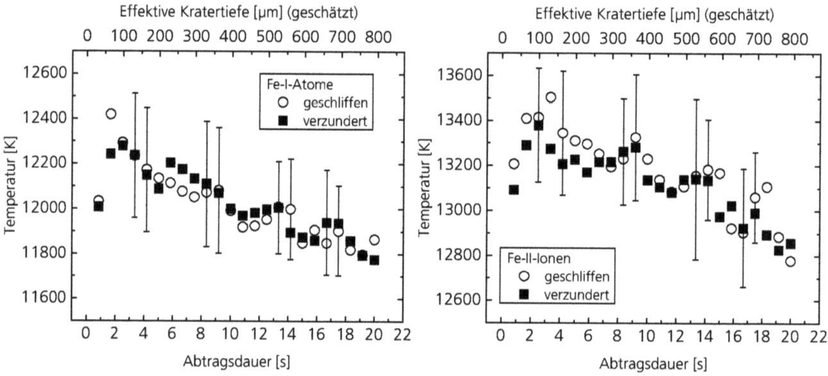

Bild 7.14: Plasmatemperaturen während der CM-Abtragsphase. Links: Fe-I-Atomtemperatur, rechts: Fe-II-Ionentemperatur. Gemittelt wurden die Plasmatemperaturen aller Proben der Messreihe die zum jeweiligen Zeitpunkt in der Abtragsphase gemessen wurden. Die Fehlerbalken entsprechen der Streuung über die gesamte Messreihe, der Übersichtlichkeit halber nur an einzelnen Messpunkten dargestellt.

7.5.2 LIBS-Analysen unter Berücksichtigung der Plasmatemperaturen

Wie zu Beginn des letzten Abschnitts gezeigt wurde, kann sich die referenzierte Intensität Q ändern, wenn in einer anderen Kratertiefe gemessen wird. Auch die Plasmatemperatur hängt von der Tiefe ab und ist umso geringer, je tiefer der Krater ist, in welchem das Plasma erzeugt wurde. Da die Plasmatemperatur auch bei unbekannten Proben ermittelt werden kann, ist es denkbar, über die Plasmatemperatur den Einfluss der Kratertiefe auf Q zu korrigieren. Dazu wird zunächst eine Bezugs-Analysenfunktion $c = f_{\mathrm{A}}(Q_{\mathrm{B}})$ bei möglichst konstanter Plasmatemperatur, also einheitlichen Bedingungen, aufgestellt. Wird eine Probe unter anderen „nicht-Bezugs"-Bedingungen (nB) gemessen kann nun das Verhältnis

$$\gamma = \frac{f_{\mathrm{A}}^{-1}(c)}{Q_{\mathrm{nB}}} \tag{7.2}$$

gebildet werden. Dabei stellt c den Vergleichsgehalt der Probe und Q_{nB} den Messwert unter den nB-Bedingungen dar. Die Funktion $f_{\mathrm{A}}^{-1}(c)$ bezeichnet die Umkehrfunktion der Bezugs-Analysenfunktion, also den Messwert, der bei einer Probe mit der Konzentration c bei einer Messung unter Bezugsbedingungen zu erwarten gewesen wäre. Wenn sich die Bezugsbedingungen nicht von den nB-Bedingungen unterscheiden, so gilt $\gamma = 1$.

Die Bestimmung von γ ist in Bild 7.15 (links) für eine Probe veranschaulicht. Hierbei wurde wieder das Linienverhältnis Q der Lini-

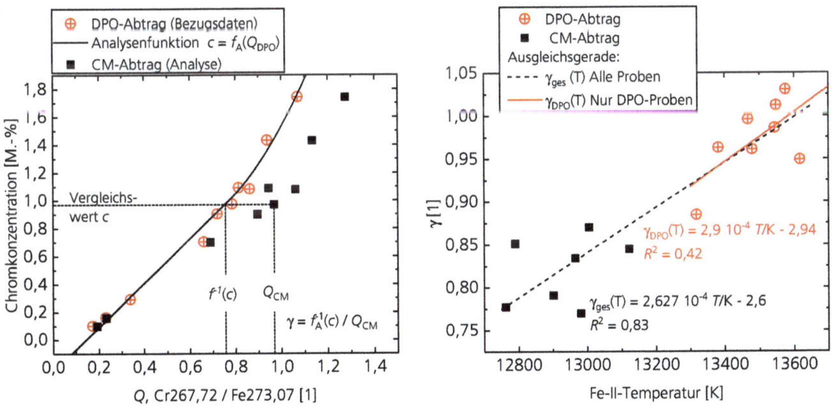

Bild 7.15: Links: Bestimmung des Korrekturfaktors γ für eine Probe. Aus der Vergleichskonzentration c einer Probe wird der Wert der Umkehrfunktion $f_{\mathrm{A}}^{-1}(c)$ der DPO-Analysenfunktion ermittelt. Dieser wird durch den Messwert Q_{CM} der Probe unter CM-Bedingungen dividiert. Rechts: γ-Werte aller Proben mit $c_{\mathrm{Cr}} > 0{,}2\,$M.–% zur Bestimmung der Korrekturfunktion $\gamma(T)$. Die strichlierte Linie ist die lineare Regression beider Datensätze γ_{ges}. Die Regression der DPO-Messwerte γ_{DPO} ist als durchgezogene, kürzere Linie dargestellt. Gleiche Daten wie in Bild 7.12 (links).

en Chrom267,72/Fe-II-273,07 untersucht. Die Versuchsreihe mit DPO-Abtragsphase dient hierbei als Bezugsdatensatz. Die Messreihe mit CM-Abtragsphase als Versuchsreihe unter nB-Bedingungen. Die Messphasen wurden bei beiden Versuchsreihen in gleicher Weise im DPO-Modus durchgeführt. In Bild 7.15 (rechts) sind die γ-Werte von den Proben beider Versuchsreihen in Abhängigkeit der Fe-II-Plasmatemperatur dargestellt. Hierbei wurden nur Proben berücksichtigt, deren Chromgehalt über 0,2 M.–% liegt. Wenn der Chromgehalt im Bereich der Nachweisgrenze liegt, streuen die Messwerte um den Wert der Leerprobe. Das Verhältnis zweier Messwerte wird bei der Berechnung von $\gamma(T)$ dementsprechend bedeutungslos.

Der Zusammenhang zwischen γ und der Temperatur T wird als linear angenommen. Bei den DPO-Messungen kann bereits ein linearer Zusammenhang vermutet werden, eine höheres Bestimmtheitsmaß R^2 ergibt sich, wenn beide Messreihen gemeinsam betrachtet werden. Im Folgenden soll versucht werden, die gemessene Plasmatemperatur bei der Bestimmung unbekannter Konzentrationen zu berücksichtigen. Wenn der Zusammenhang $\gamma = \gamma(T)$ bekannt ist, kann bei einer unbekannten Analyseprobe das Messsignal auf Bezugsbedingungen umgerechnet werden, da auch bei einer unbekannten Probe die Plasmatemperatur bestimmt werden kann. Die Konzentration der Probe wird dann mit der Formel

$$c = f_{\mathrm{A}}\left(\gamma(T) \cdot Q_{\mathrm{nB}}\right) \tag{7.3}$$

ermittelt. Hierbei ist f die Analysenfunktion $c = f(Q)$ unter Bezugsbedingungen. In Bild 7.16 ist die weitere Auswertung der Daten veranschaulicht. Die Funktion $\gamma_{\mathrm{DPO}}(T)$ wurde hierbei alleine aus den Kalibriermessungen bestimmt. Diese Gerade ist als γ_{DPO} in Bild 7.15 eingezeichnet. Die CM-Messungen sollen als unbekannt vorausgesetzt werden, daher werden diese Messungen auch nicht bei der Berechnung von $\gamma(T)$ genutzt. Obwohl das Bestimmtheitsmaß mit $R^2 = 0{,}42$ auf eine große Unsicherheit bei der Bestimmung von γ_{DPO} hinweist, so lässt sich die Richtigkeit R von 46,6 % auf 9,4 % verbessern. Wenn die tatsächliche Messtiefe also unbekannt ist, erscheint eine Korrektur über die Plasmatemperatur ein gangbarer Weg zu sein. Es wäre möglich, $\gamma(T)$ genauer zu bestimmen, z. B. in dem für eine solche Temperatur-Kalibrierung die Kratertiefe und möglicherweise auch die Laserenergie gezielt verändert würde, um einen größeren Plasmatemperaturbereich zu betrachten.

Eine solche Temperaturkorrektur ist jedoch nur dann sinnvoll, wenn die Kratertiefen tatsächlich nicht vorhergesagt werden können. Für die demonstrierte Temperaturkorrektur wurden die Plasmatemperaturen vermutlich zu stark verändert, verglichen mit den Schwankungen, die in der Praxis zu erwarten sind. Beim Abtrag mit Reinigungspulszug wurden keine signifikanten Temperaturunterschiede zwischen Messungen an geschliffenen und verzunderten Oberflächen festgestellt. Dennoch soll im Folgenden untersucht werden, inwieweit eine Berücksichtigung der Plasmatemperatur in diesem Fall die Richtigkeit der Analyse verbessert. Bild 7.17 zeigt eine Messreihe, bei der unabhängig von der Oberflächenbeschaffenheit zunächst im CM abgetragen wurde und danach die Messphase im 120 Hz-DPO-Modus durchgeführt wurde. Die geschliffenen Probenseiten wurden zur Kalibrierung benutzt, mit welcher die verzunderten Seiten analysiert wurden.

Die Plasmatemperaturen hängen nicht signifikant davon ab, ob eine Zunderschicht vorhanden war. Die durchschnittliche Fe-II-Ionentemperatur bei den geschliffenen Proben liegt bei $12\,910 \pm 230$ K bei den verzunderten Proben bei $12\,880 \pm 140$ K, siehe Tabelle 7.3. Der rechnerische Unterschied von 30 K ist nicht signifikant; sowohl im Vergleich zur Plasmatemperatur selbst als auch im Vergleich zu den Unsicherheiten, die bei einer Temperaturbestimmung über den Boltzmannplot zu erwarten

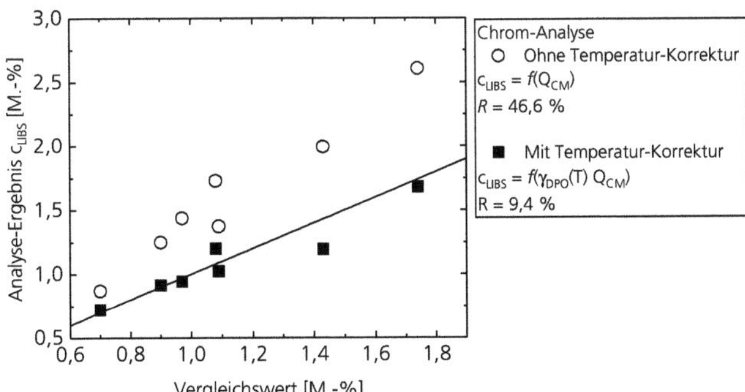

Bild 7.16: Analyse und Kalibrierung bei unterschiedlichen Kratertiefen. Bei der Kalibriermessreihe wurde mit DPO-Modus abgetragen, bei der Analyse im CM-Modus. Über die Plasmatemperatur kann dieser Einfluss berücksichtigt werden.

sind, sind 30 K vernachlässigbar. Auch die Standardabweichungen, die bei den Temperaturangaben als Fehler angegeben sind, unterscheiden sich kaum. Wenn die Kratertiefe durch unterschiedliche Oxidschichtdicken signifikant beeinflusst würde, so wäre zu erwarten gewesen, dass bei den verzunderten Proben insgesamt eine geringere Temperatur gemessen wird. Auch die unterschiedlichen Dicken des auf der Probe vorhandenen Zunders hätten sich auf die Streuung der Temperatur innerhalb einer Messreihe auswirken müssen, sodass zwischen den beiden Messreihen signifikante Unterschiede zu sehen wären. Es erscheint also gerechtfertigt, Abtragsphase und Datenauswertung nicht davon abhängig zu machen, ob eine Zunderschicht vorhanden ist oder nicht. Selbst wenn die schwankende Kratertiefe bei einem anderen Linienpaar einen signifikanten Einfluss auf die referenzierte Intensität Q hätte, so erscheint die Plasmatemperatur nicht geeignet, um diesen Einfluss zu korrigieren. Eine solche Korrektur wäre allenfalls dann sinnvoll, wenn nicht im Vorfeld feststünde, wie lange abgetragen wird. In dieser Arbeit wird jedoch das Szenario betrachtet, in welchem das Zeitfenster für Abtrag und Analyse einheitlich vorgegeben ist.

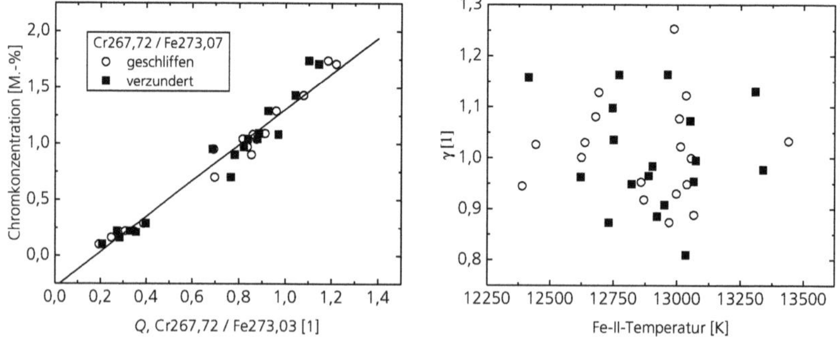

Bild 7.17: Links: Analysenfunktion von Chrom im Bereich bis 2 M.–%. Die durchgezogene Linie stellt hierbei die Ausgleichsgerade der geschliffenen Proben dar. Die Abtragsphase erfolgte im CM, die Messphase im DPO-Mode (120 Hz). Rechts: Korrekturfaktor γ in Abhängigkeit von Temperatur und Oberflächenbeschaffenheit – es ist kein Zusammenhang erkennbar.

Tabelle 7.3: Mittlere Plasmatemperaturen der Messreihe aus Bild 7.17 (geschliffene und verzunderte Proben). Alle Angaben in Kelvin.

	Fe-I			Fe-II		
	$\langle T\rangle$	$\langle \Delta T\rangle$	$s(T)$	$\langle T\rangle$	$\langle \Delta T\rangle$	$s(T)$
geschliffen	11780	1090	290	12910	740	230
verzundert	11750	1090	210	12880	730	260
Differenz $\pm s(T)_{\text{ges}}$	30 ± 360			30 ± 270		

Es ist allerdings zu erwarten, dass der Einfluss der Kratertiefe auf die referenzierte Intensität Q nicht für alle Linienpaare identisch ist. Im Folgenden soll untersucht werden, ob sich bereits aus den Energieniveaus der Übergänge abschätzen lässt, wie empfindlich die referenzierte Intensität Q auf Änderungen der Kratertiefe reagiert. Betrachtet werden dazu in diesem Abschnitt die Elemente Nickel und Chrom. Von zwei Proben, Probe 6 und Probe 9 wird das Verhältnis von Q_{DPO} und Q_{CM} gebildet und für beide Proben zu γ' gemittelt:

$$\gamma' = \frac{\frac{Q_{\text{DPO, 6}}}{Q_{\text{CM, 6}}} + \frac{Q_{\text{DPO, 9}}}{Q_{\text{CM, 9}}}}{2}. \qquad (7.4)$$

Die Nickelgehalte beider Proben, siehe Anhang A.4, liegen bei etwa 1,5 M.–%, die Chromgehalte bei 0,7 M.–% (Probe 6) und 1,7 M.–% (Probe 9). Die Größe γ' dient im Folgenden als Kriterium für die Störempfindlichkeit des Linienpaares, dem Q zugrunde liegt. Bei $\gamma' \approx 1$ hat die Kratertiefe keinen signifikanten Einfluss auf Q. Bild 7.18 zeigt den Zusammenhang zwischen γ' und der Differenz der oberen Energieniveaus der beteiligten Linien – also Analyt- und Referenzlinie aus welchen Q gebildet wird. Referenziert wurden dabei jeweils nur Atom- auf Atom- oder Ionen- auf Ionenlinien. Bei den Ionenlinien wurden die oberen Anregungsenergien in Bezug auf das Grundniveau des Atoms angegeben, um die unterschiedlichen Ionisierungsenergien von Matrix- und Analytelement zu berücksichtigen. Als Referenzlinien wurden dabei zunächst die Eisenlinien ausgewählt, die auch in den Boltzmannplots ausgewertet wurden; 5 Ionen- und 18 Atomlinien, siehe Anhang A.6. Diese Auswahl wurde für die Ionenlinien beibehalten. Eisen-Atomlinien, die zu Ausreißen in Bild 7.18 führten, wurden hingegen nicht als Referenz benutzt. Auf diese Weise wurden bei der Ni-I-Analyse die Linien Fe219,60 und

Tabelle 7.4: Zahlwerte für E_S in [eV] berechnet aus der temperaturabhängigen Zustandssumme, bei einer Temperatur von $T = 1{,}1\,\text{eV} \approx 12\,765\,\text{eV}$. Definition und Herleitung siehe Gleichung (2.9). Die Zustandssummen sind [NIS14] entnommen.

Linienpaar	Ni/Fe	Cr/Fe
neutral	1,03	-0,71
einfach ionisiert	0,06	-1,31

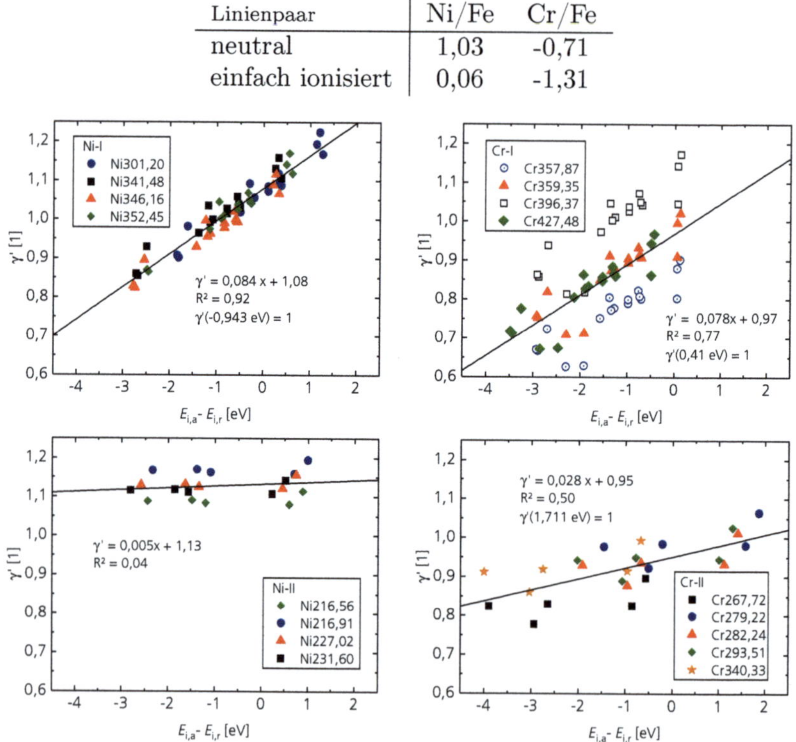

Bild 7.18: Zusammenhang zwischen Linienstabilität γ' und der Differenz der oberen Energieniveaus von Analyt- und Referenzlinie. Bei einer idealen Stabilität gilt $\gamma' = 1$. Die Symbole sind nach den Analytlinien vergeben. Die linearen Regressionen wurden aus den ausgefüllt dargestellten Datenpunkten berechnet.

Fe281,33 ausgeblendet; im Fall von Chrom die Linie Fe385,64. Für jede Nickel-Atomlinie ergeben sich daher 16 Datenpunkte und für jede Chrom-Atomlinie 17 Datenpunkte. Nicht alle dieser Wertepaare sind in Bild 7.18 einzeln erkennbar, da die Punkte teilweise überlappen.

Der deutlichste Zusammenhang zwischen den oberen Energieniveaus und γ' zeigt sich bei Nickel-Atomen. Hier liegt das Bestimmtheitsmaß bei $R^2 > 0{,}9$. Die Ausgleichsgerade erreicht den Funktionswert 1 bei einem Argument von $E_{i,a} - E_{i,r} =$ -0,943 eV. Das bedeutet, dass nicht die Linienpaare für Q am stabilsten sind, bei welchen die beiden oberen Energieniveaus möglichst ähnlich sind. Vielmehr sollte das Energieniveau von der Eisen-Referenzlinie 0,943 eV über der Nickel-Analytlinie liegen. Dieses Ergebnis deckt sich mit der Forderung $E_S + E_{i,a} - E_{i,r} \approx 0$, die sich aus Gleichung (2.9) für eine geringe Temperaturabhängigkeit von Q ergibt. Die aus den tabellierten Zustandssummen berechneten Werte für E_S sind in Tabelle 7.4 zusammengefasst, Quellen und Rechenweg siehe Anhang A.1. Für Ni-I/Fe-I-Linienpaare ergibt sich ein Zahlenwert $E_S = 1{,}03$ eV, ein Wert der zu den experimentellen Ergebnissen passt. Die Temperaturabhängigkeit der Zustandssummen scheint also tatsächlich eine plausible Erklärung dafür zu sein, warum ein Nickel-Eisen-Linienpaar stabiler ist, wenn das obere Energieniveau der Nickel-Linie etwas geringer ist als das der Eisenlinie. Ein Blick auf die übrigen Diagramme in Bild 7.18 zeigt jedoch, dass mit diesem Modell keine zuverlässige Aussage über die Stabilität eines Linienpaares getroffen werden kann. Bei den Chrom-Atomlinien sind die – nach Analytlinien getrennten – Verläufe von γ' zwar linear zu $E_{i,a} - E_{i,r}$. Der Achsenabschnitt hängt jedoch von der Analytlinie ab, sodass sich keine einheitliche Funktion, wie bei den Atomlinienpaaren der Nickel/Eisen-Analyse ergibt. Bei den Nickel-Ionenlinien ist kaum ein Zusammenhang zwischen den oberen Energieniveaus und γ' erkennbar. Die Ausgleichsgerade aller Datenpunkte im Chrom-Ionendiagramm erreicht den Wert 1 bei einer Energiedifferenz von 1,71 eV, bei $E_S = -1{,}31$ eV. Angesichts der Tatsache, dass das Bestimmtheitsmaß bei $R^2 \approx 0{,}5$ liegt, ist diesem Umstand jedoch nicht viel Bedeutung beizumessen.

Zusammenfassend lässt sich feststellen, dass eine isolierte Betrachtung der oberen Energieniveaus keine Aussage darüber zulässt, wie empfindlich ein Linienpaar auf unterschiedliche Kratertiefen reagiert; nicht einmal bei diesen „vorausgewählten“ Liniensätzen. Auch eine Berücksichtigung von E_S schafft hierbei keine Abhilfe. Wenn das Messverfahren also darauf ausgelegt werden sollte, in unterschiedlichen, nicht vorher bekannten

Tiefen zu messen, so müsste die Linienauswahl letztlich in einer Trial and Error Prozedur ermittelt werden. Ob ein Einfluss der Kratertiefe auf Q bereits über die Auswahl eines geeigneten Linienpaares vermieden werden kann oder ob eine Korrekturrechnung – etwa über die Plasmatemperatur – zielführender ist, muss in diesem Fall für jedes Analytelement einzeln geprüft werden.

7.5.3 Untersuchung der Elektronendichte

Wie in Abschnitt 2.2.2 beschrieben, wird die spektrale Breite einer Emissionslinie durch die Elektronendichte beeinflusst. Ob und inwieweit die Messung der Linienbreite im Rahmen dieser Arbeit genutzt werden kann, soll in diesem Abschnitt untersucht werden. In Abschnitt 7.5.1 wurde ein Einfluss der Kratertiefe auf die Plasmatemperatur untersucht, die über Boltzmannplots bestimmt wurde. In diesem Abschnitt soll in analoger Weise die Elektronendichte über die Stark-Verbreiterung untersucht werden. Zur Bestimmung der Linienbreite wurden die 7 zuerst ausgelesenen Spektren verworfen, alle folgenden Spektren einer Messphase wurden gemittelt. Bei der Atomlinie Fe-I-541,52, ist eine relativ hohe Stark-Verbreiterung zu erwarten. In [Kon02] ist für diese Linie bei einer Plasmatemperatur von 9 000 Kelvin und einer Elektronendichte von

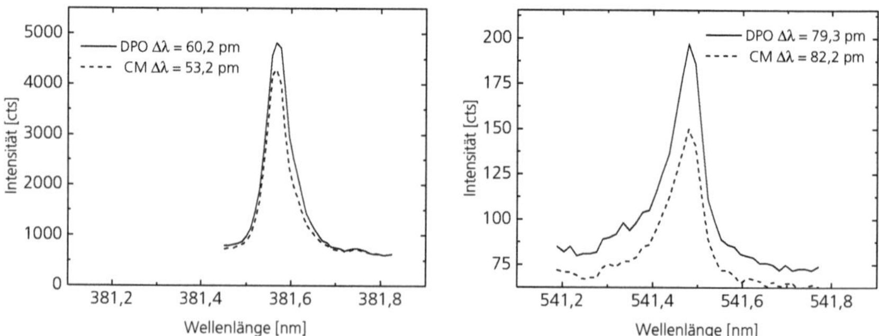

Bild 7.19: Linienform zweier Fe-I-Atomlinien, exemplarisch an Probe 1. Die Messphasen der beiden Kurven sind identisch, in der Abtragsphase wurde einmal mit Doppelpuls (DPO) abgetragen, einmal im Reinigungsmodus (CM). Abtragsdauer jeweils 20 Sekunden. Mit $\Delta\lambda$ ist die FWHM-Halbwertsbreite des Lorentzfits angegeben.

Tabelle 7.5: Gemessene Linienverbreiterung zweier Eisenlinien. Angeben sind die Halbwertsbreiten (FWHM) eines angefitteten Lorentzprofils. Das Fit-Intervall beträgt hierbei 381,452 nm–381,825 nm bzw. 541,188 nm–541,77 nm.

Fe-Atomlinie	381,584 nm		541,519 nm	
Messreihe	DPO	CM	DPO	CM
Mittlere Verbreiterung $\Delta\lambda$	58,9 pm	50,9 pm	78,4 pm	76,0 pm
Standardabweichung	2,3 pm	2,9 pm	2,3 pm	6,3 pm
Apparate-Verbreiterung	23 pm		33 pm	
erwartete Stark-Verbreiterung w^*	11 pm[BAA06]		142 pm[Kon02]	

*Die erwartete Stark-Verbreiterung w bezieht sich auf eine Elektronendichte von $n_e = 10^{17}\,\mathrm{cm}^{-3}$

$10^{17}\,\mathrm{cm}^{-3}$ eine Stark-Verbreiterung von $w = 1,42\,\text{Å} = 142\,\mathrm{pm}$ angegeben. Die zur Bestimmung der Elektronendichte häufig benutzte Linie 538,3 nm [FC79] [BAA06] ist mit dem verwendeten Echelle-Spektrometer nicht optimal messbar, da der Messbereich des Spektrometers eine Lücke ab ca. 538,3 nm aufweist. Der Linienflügel in Richtung längere Wellenlängen kann mit diesem Spektrometer nicht gemessen werden, auch der Linienkern ist möglicherweise verzerrt. Die Linie Fe-I-381,58 weist bei einer Elektronendichte von $10^{17}\,\mathrm{cm}^{-3}$ eine Stark-Verbreiterung von 0,011 nm = 11 pm auf [BAA06]. Dieser Wert ist in einem Temperaturintervall von 7 100 Kelvin bis 11 100 Kelvin zu erwarten. In der Laser-Emissionsspektroskopie wurde bereits ein Zusammenhang zwischen der beobachteten Breite dieser Linie und dem Winkel zwischen Laserstrahl und Probe beschrieben [Bru16]. Die in diesem Abschnitt untersuchten Spektren sind dabei dieselben wie in Abschnitt 7.5.1. Bild 7.19 zeigt exemplarisch an Probe 1 die Formen der beiden Atomlinien Fe-I-381,58 und Fe-I-541,52. Tabelle 7.5 zeigt die Mittelwerte und Standardabweichungen der Linienbreiten für den gesamten Probensatz. Bei Fe-I-541,519 nm beträgt die gemessene FWHM-Linienbreite etwas mehr als das Doppelte der Apparate-Verbreiterung, siehe Bild 4.9. Der Unterschied zwischen der CM- und der DPO-Messreihe etwa 2,4 pm. Selbst ohne Berücksichtigung der Apparate-Verbreiterung betragen die gemessenen Linienbreiten nur einen Bruchteil von dem, was bei einer Elektronendichte von $n_e = 10^{17}\,\mathrm{cm}^{-3}$ zu erwarten gewesen wäre. Auch unter Berücksichtigung der Unsicherheit des Starkkoeffizienten, die in [Kon02] mit 30 % angegeben wird, müsste die Elektronendichte unter

$n_e = 0{,}8 \cdot 10^{17}\,\mathrm{cm}^{-3}$ liegen. Bei einer analogen Auswertung der Linie Fe-I-381,58 nm müsste die Elektronendichte bei $n_e = 2{,}5 \cdot 10^{17}\,\mathrm{cm}^{-3}$ liegen, selbst wenn die Apparate-Verbreiterung berücksichtigt wird. Bei dieser Linie gibt es außerdem einen Unterschied von etwa 8 pm zwischen den mittleren Linienbreiten der beiden Messreihen. Dies ist insofern bemerkenswert, weil bei dieser Linie nach den Literaturwerten eine geringere Stark-Verbreiterung als bei der Linie Fe-I-541,52 zu erwarten gewesen wäre. Eine plausible Erklärung hierfür wäre, dass die Linienbreite zu großen Teilen nicht durch die Stark-Verbeiterung sondern durch andere Effekte – wie etwa die Selbstabsorption – hervorgerufen werden. Für diese These spricht, dass bei jeder Probe nach dem DPO-Abtrag nicht nur eine höhere Linienbreite, sondern auch eine höhere Intensität für die Linie Fe-I-381,58 nm gemessen wurde, siehe Bild 7.20. Der ermittelte Wertebereich der Elektronendichte von $0{,}8 \cdot 10^{17}\,\mathrm{cm}^{-3} \leq n_e \leq 2{,}5 \cdot 10^{17}\,\mathrm{cm}^{-3}$ erscheint plausibel. In [AA99] wird das LIBS-Plasma einer Eisenprobe unter einer Argon-Atmosphäre zeitabhängig untersucht. Eine Eisen-Atomtemperatur von 11 000 K wird dabei ca. 5 µs nach dem Laserpuls gemessen. Da diese Plasmatemperatur ungefähr der zeitlich gemittelten Temperatur dieser Arbeit entspricht, wurde die Elektronendichte von $n_e = 1{,}5 \cdot 10^{17}\,\mathrm{cm}^{-3}$ zu diesem Zeitpunkt als Vergleichswert herangezogen.

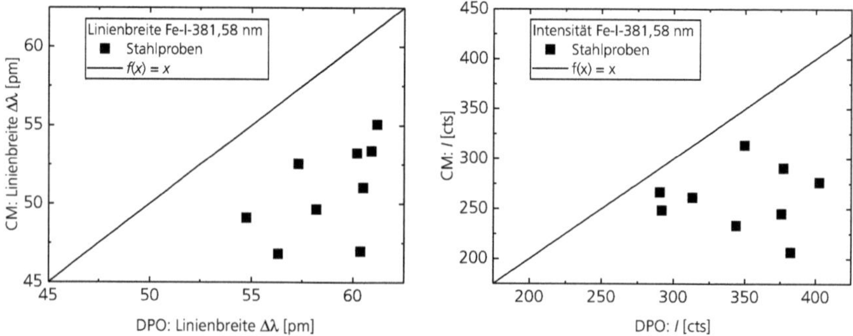

Bild 7.20: Halbwertsbreiten $\Delta\lambda$ und cts-Intensitäten I der Linie Fe-I-381,58 nm, bei Messungen nach unterschiedlichen Messphasen. Auf der Abszisse sind die Werte nach einer Abtragsphase im DPO-Modus aufgetragen, der entsprechende Ordinatenwert ist der Messwert dieser Probe nach CM-Abtrag.

Die Bedingungen, unter welchen die untersuchten Plasmen erzeugt wurden, unterscheiden sich stärker, als dies in einer späteren Anwendung zu erwarten ist. Hinsichtlich den untersuchten Linienbreiten unterschieden sich die beiden Messreihen jedoch nur geringfügig, wenn überhaupt. Gerade bei der Atomlinie mit der höheren Stark-Verbreiterung wurden keine signifikanten Unterschiede zwischen den beiden Messreihen beobachtet. Die Linienbreite und die daraus ermittelten Werte für die Elektronendichte scheinen daher keine Beobachtungsgrößen zu sein, aus welchen indirekt auf relevante Größen – wie etwa die Kratertiefe – geschlossen werden könnte. Auch eine Verschiebung der Linien über den quadratischen Stark-Effekt konnte nicht beobachtet werden. Im Rahmen dieser Arbeit wurde die Linienbreite daher nicht weiter betrachtet.

7.6 Strahlauslenkung in der Messphase

In den bisher gezeigten Versuchen wurde sowohl in der CM-Abtragsphase als auch in der DPO-Messphasen eine Auslenkung durchgeführt. Ein Vorteil einer solchen Auslenkung in der Messphase ist, dass sich der Materialabtrag der Doppelpulse auf eine größere Fläche verteilt. Der Einfluss einer weiterhin zunehmenden Kratertiefe kann auf diese Weise reduziert werden. Die bisher beschriebenen Versuche haben gezeigt, dass bei tieferen Kratern geringere cts-Intensitäten und niedrigere Plasmatemperaturen zu erwarten sind. Auf der anderen Seite ist eine Veränderung der Laserfokusposition während der Messung auch eine mögliche Quelle für Störungen. Bei einer Auslenkung während der Messphase sind demnach höhere Intensitäten, aber auch höhere Schwankungen zu erwarten. Um diesen Einfluss näher zu untersuchen, werden in diesem Abschnitt Messreihen verglichen, die sich darin unterscheiden, ob in der Messphase der Laserfokus um $R_{\mathrm{max}} = 0{,}16\,\mathrm{mm}$ ausgelenkt wird oder statisch in der Ruhelage bei $R = 0\,\mathrm{mm}$ bleibt. Die Abtragsphase ist bei allen Proben einheitlich. 20 Sekunden in CM, bei einer Auslenkung von $R_{\mathrm{max}} = 0{,}75\,\mathrm{mm}$. In der Messphase wurde die Laserstrahlungsquelle im DPO-Modus bei 100 Hz betrieben. Die Spektren selbst wurden sowohl am Direktlichtkanal mit dem Paschen-Runge- als auch über das LWL-angekoppelte Echelle-Spektrometer gemessen. Die genauen Auslenkungsmuster $R(t)$ sind im Anhang in Bild A.3 dargestellt; Abtragsphase: 20s-I-A, Messphase: 10s-M oder $R = 0\,\mathrm{mm}$. Bei beiden Spektrometern wurden pro Auslesevorgang

15 Plasmaereignisse auf dem Detektor aufsummiert. Da sich jedoch die Geschwindigkeiten der Datenübertragung der beiden Spektrometer unterscheiden, nimmt das Paschen-Runge Spektrometer mehr Messpunkte auf als das Echelle-Spektrometer im selben Zeitraum.

Die Stabilität der Signale während der Messphase wird zunächst an vier Messungen an der geschliffenen Seite von Probe 3 untersucht. Der Chromgehalt dieser Probe liegt bei 0,97 M.–%. Der Einfluss der Strahlauslenkung auf die cts-Intensität $\tilde{I}$ der Linie Fe-II-273,07 sowie auf die referenzierte Chromintensität $\tilde{Q}$ ist in Bild 7.21 dargestellt. Im Direktlichtkanal wird im ausgelenkten Fall meist eine höhere Intensität $\tilde{I}$ gemessen,

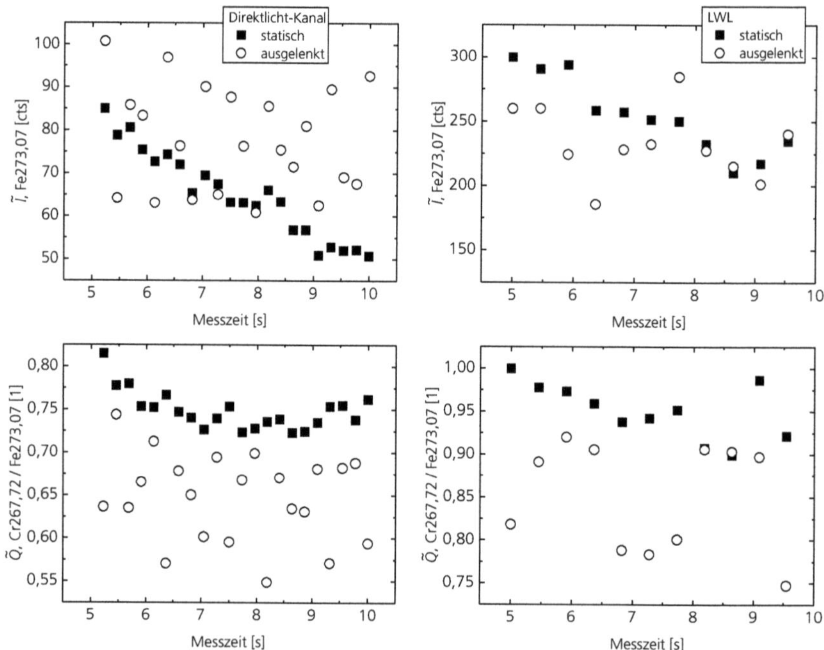

Bild 7.21: Einfluss einer Laserstrahlauslenkung während der Messphase auf unreferenzierte cts-Intensität $\tilde{I}$ (oben) und die referenzierte Intensität $\tilde{Q}$ (unten), gemessen an einer geschliffenen Oberfläche. Diese Messungen an Probe 3 erfolgten am Direktlichtkanal (links) und an der LWL-Kopplung (rechts)

beim LWL-gekoppelten Spektrometer unterscheiden sich die Messungen geringer. Bei beiden Spektrometern scheint jedoch $\tilde{I}$ bei statischer Messung stärker während der Messphase abzunehmen. Insbesondere bei den LWL-Messungen wird dieser Effekt jedoch durch die erhebliche Streuung überlagert. Bei einer Auslenkung ist auch ist die referenzierte Intensität $\tilde{Q}$ instabiler, als wenn statisch bei $R = 0\,\text{mm}$ gemessen wird. Dies gilt unabhängig davon, ob im Direktlichtkanal oder an der LWL-Auskopplung gemessen wird. Bei beiden Spektrometern werden etwas höhere Werte für $\tilde{Q}$ gemessen, wenn statisch gemessen wird.

Um den Einfluss dieser Effekte auf die Kennzahlen des Messverfahrens zu untersuchen, wurde ein Probensatz aus 15 niedriglegierten Proben untersucht. Dabei wurde von jeder Probe sowohl das geschliffene Grundmaterial als auch die unbehandelte Oberfläche an der Gussfläche gemessen. Die Messungen der geschliffenen Seite wurden zur Kalibrierung genutzt. Bild 7.22 zeigt den Zusammenhang zwischen den LIBS Messergebnissen und den Vergleichswerten bei den Messungen an den verzunderten Seiten. Die Richtigkeiten R, Präzisionen S und die über alle Analyseproben der Messreihe gemittelten Intensität I-Fe-273,07 sind in Tabelle 7.6 zusammengefasst. Die Größe I ist dabei ein Mittelwert aus mehreren $\tilde{I}$-Einzelwerten, siehe Abschnitt 6.1. Richtigkeit und Präzision sind besser, wenn die Messung statisch erfolgte. Obwohl die Signalintensität I bei einer Auslenkung um ca. 25 % erhöht ist, wirkt sich eine Auslenkung während der Messphase insgesamt also negativ auf die Kennzahlen des Messverfahrens aus. Keinen großen Einfluss auf R und S hat hingegen, ob das Plasma im Direktlichtkanal oder über die Faserkopplung beobachtet wird. Bei den Messungen ohne Auslenkung wird im Direktlichtkanal die bessere Richtigkeit erreicht; mit Auslenkung jedoch im fasergekoppelten Strahlengang. In Bezug auf die Richtigkeit können beide Beobachtungsstrahlengänge daher als gleichwertig angesehen werden.

Bei einer geschliffenen Probenoberfläche kann eine DPO-Messung auch ohne vorherigen Abtrag durchgeführt werden. Dieser Fall ist in Bild 7.23 dargestellt. Wenn die Messung auf einer flachen Oberfläche stattfindet, so gibt es für die referenzierte Intensität Q keinen merklichen Unterschied, ob während der Messung der Laserstrahl ausgelenkt wird oder nicht. Auch die Standardabweichungen sind mit 0,03 bis 0,04 sehr ähnlich. Die Signalstärke $\tilde{I}$ ist auch bei einer flachen Oberfläche höher, wenn in der

Tabelle 7.6: Kennzahlen der Analysen von verzunderten Stahlproben. Die Richtigkeit R und Präzision S ist auf die durchschnittliche Konzentration der Messreihe $\langle c \rangle = 1{,}27\,\text{M.–\%}$ normiert. Die gemittelte cts-Intensität I bezieht sich auf die Referenzlinie Fe-273,07.

	Direktlichtkanal		LWL-Kopplung	
	statisch	ausgelenkt	statisch	ausgelenkt
R [%]	12,0	15,8	12,9	15,0
S [%]	5,4	12,0	6,6	13,8
I [cts]	63,0	81,1	200,0	250,6

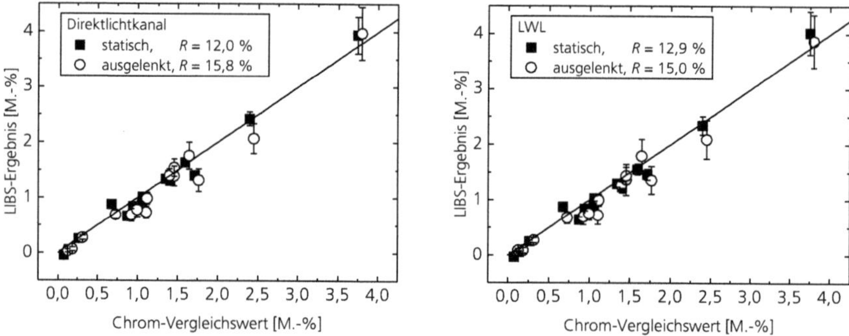

Bild 7.22: Zusammengang zwischen der mittels LIBS ermittelten Chromkonzentration und dem Vergleichswert. Jede Probe wurde einmal mit und einmal ohne Laserstrahlauslenkung an der verzunderten Seite gemessen. Aus Darstellungsgründen sind die Vergleichswerte leicht versetzt eingezeichnet, um überlappende Fehlerbalken zu vermeiden.

Messphase ausgelenkt wird. Bei einer statischen Messung in einem zuvor abgetragenen Krater (CM-Kurve) zeigt sich ein systematischer Versatz zu den Messungen auf einer planen Oberfläche, die Standardabweichung liegt jedoch bei dieser CM-Messung bei 0,04. Wenn die CM-Messung jedoch nicht statisch erfolgt, sondern der Laserstrahl ausgelenkt wird, so wird die Standardabweichung mehr als vervierfacht. Ob das Messsignal durch eine Auslenkung instabil wird, hängt also davon ab, ob in einem zuvor abgetragenen Krater gemessen wird. Die Datenpunkte dieser LIBS-Werte sind im Diagramm mit einer Linie verbunden, um den Verlauf zu verdeutlichen. Dieser weist 9 Maxima auf, Anfang und Ende der Messung mitgezählt. Das entspricht der Anzahl der Kreise, in denen der Laserfokus während der fünf Sekunden Datenaufzeichnung über die Probenoberfläche bewegt wird.

Bei verzunderten Proben ist der Abtrag eines Kraters notwendig, um das Grundmaterial zu erreichen. Da unter diesen Bedingungen die Nachteile einer Auslenkung die Vorteile überwiegen, wurde im Folgenden auf eine Auslenkung während des Messphase verzichtet.

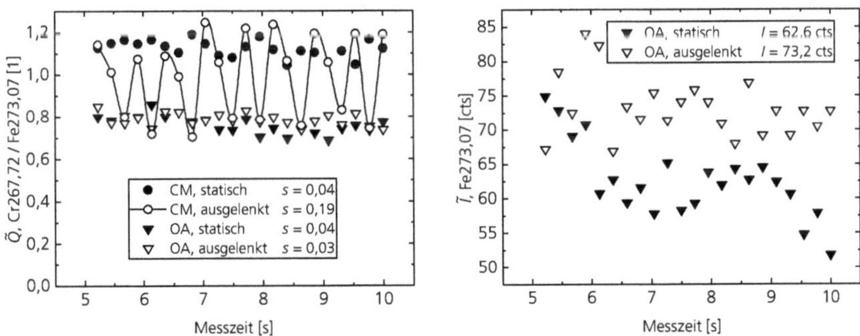

Bild 7.23: Einfluss der Auslenkung während der DPO-Messung an den geschliffenen Oberflächen von Probe 39 (niedriglegiert). Bei der CM-Messreihe wurde vor der Messphase eine Abtragsphase mit 20 s im CM durgeführt, bei den OA-Messreihen wurde keine Abtragsphase durchgeführt. Links: Referenzierte Intensität $\tilde{Q}$, rechts: cts-Intensität $\tilde{I}$.

7.7 Effektivität des Abtragsschrittes

7.7.1 Vorversuche an homogenen Stahlproben

Wie bereits beschrieben, wird der Laserfokus während der Abtragsphase in konzentrischen Ringen über die Probenoberfläche bewegt. Der Radius des äußersten Rings lag bei den bisher gezeigten Messungen dabei bei $R_{\mathrm{max}} = 0{,}75\,\mathrm{mm}$. Der Einfluss dieser Auslenkung und das damit eingestellte Aspektverhältnis des abgetragenen Kraters, soll in diesem Abschnitt untersucht werden. Dabei soll vor allem die Frage untersucht werden, wie sich der Einfluss der Deckschichten reduzieren lässt. Nach den bisherigen Untersuchungen, siehe Abschnitt 7.5 ist jedoch zu erwarten, dass Eigenschaften des Plasmas – und mit diesen die LIBS-Messergebnisse – auch durch die Kratergeometrie selbst beeinflusst werden. Daher wurde der Einfluss von R_{max} auf die LIBS-Signale I und Q auch an homogenen Proben ohne Deckschicht ermittelt.

Der Einfluss der Auslenkung R_{max} auf die Kratergeometrie ist in Bild 7.24 dargestellt. Die Lasereinstellungen sind bei allen Messungen unverändert. In der Abtragsphase wurde 20 Sekunden im CM abgetra-

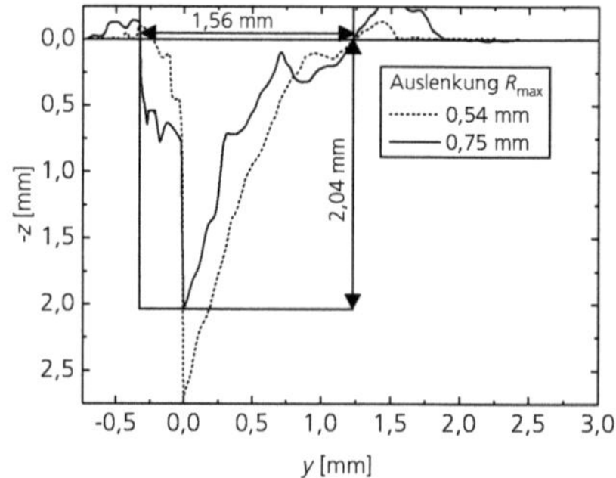

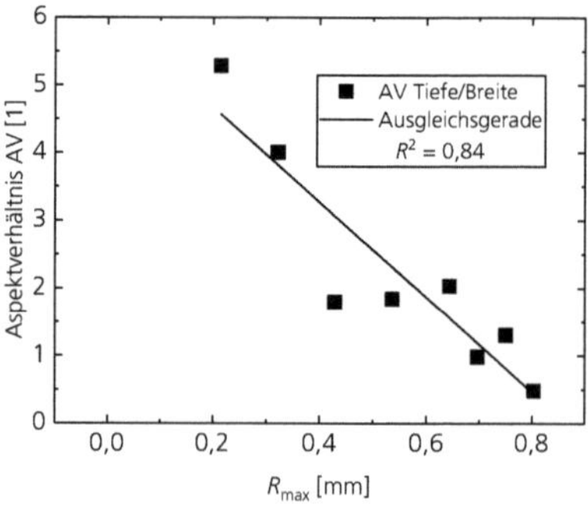

Bild 7.24: Auswirkung der Auslenkung R_{max} während der Abtragsphase auf die Kratergeometrie bei 14301-Edelstahl (hochlegiert). In der darauf folgenden DPO-Messphase wurde der Laserstrahl nicht bewegt ($R = 0\,\mathrm{mm}$). Diese wurde bei allen Messungen in gleicher Weise durchgeführt. Links: Zwei exemplarische Profilquerschnitte, rechts: Aspektverhältnis in Abhängigkeit von R_{max}. Die Spektren dieser Versuchsreihe werden in Bild 7.25 ausgewertet.

gen. Das Auslenkungsmuster des Skriptes 20s-I-B, siehe Abbildung A.3, war dabei einheitlich, nur der Radius $R_{\max}$ der Strahlauslenkung wurde verändert. Die wesentliche Änderung im Vergleich zum zuvor genutzten 20s-I-A besteht darin, dass der Radius der Auslenkung nun nicht mehr sprunghaft verändert wird. Die Messphase ist bei allen Messungen einheitlich ohne Auslenkung. Nach der jeweiligen Abtragsphase wurde die Laserstrahlungsquelle 10 Sekunden im 100 Hz-DPO-Modus betrieben, um die LIBS-Spektren mit dem fasergekoppelten Echelle-Spektrometer

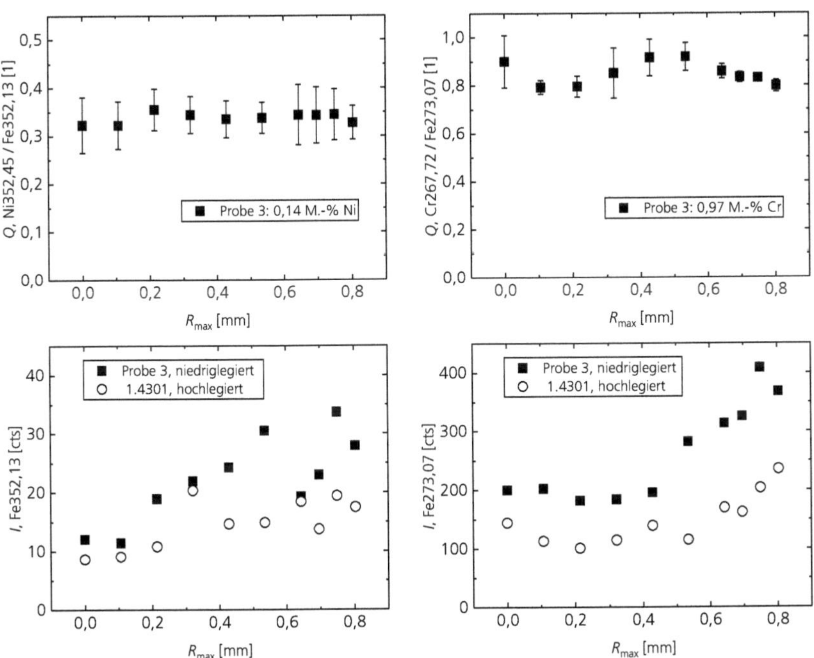

Bild 7.25: Referenzierte Linienintensitäten Q und cts-Intensität des Referenzsignals bei unterschiedlichen Aspektverhältnissen und zwei Proben. Kratergeometrie, siehe Bild 7.24. Bei den Linienpaaren der Nickelmessungen (linke Spalte) handelt es sich um Atomlinien, bei den Chrommessungen um Ionenlinien. Niedriglegiert: Probe 3, hochlegiert: 1.4301-Edelstahl.

aufzunehmen. Dabei wurden 15 Spektren vor dem Auslesen auf dem Detektor aufsummiert. Die Verzögerung der Integration lag bei 900 ns bezogen auf den zweiten der beiden Doppelpulse. Als Integrationszeit wurden 2 µs gewählt.

Die Geometrie der Krater wurde dabei nach der DPO-Messphase aufgenommen. Das Aspektverhältnis der Krater wird im Folgenden aus dem zy-Profil des Kraters ermittelt und dabei als das Verhältnis von Maximaltiefe zu Kraterbreite angesehen; als Breite gilt dabei der Abstand der beiden Nulldurchgänge, siehe linkes Diagramm in Bild 7.24.

Bild 7.25 zeigt den Einfluss der Auslenkung $R_{\max}$ auf die referenzierte Intensität Q und das Referenzsignal I. Das Aspektverhältnis des Kraters nach der Abtragsphase hat in diesem Intervall nur einen geringen Einfluss auf Q. Je höher das Aspektverhältnis – bzw. je geringer die Auslenkung $R_{\max}$ –, desto geringer ist die Intensität I. Dieser Zusammenhang deckt sich mit den Ergebnissen aus Abschnitt 7.5.1, in welchem die Kratertiefe durch den Betriebsmodus der Laserstrahlungsquelle vorgegeben wurde. Insgesamt scheinen alle getesteten Auslenkungen für eine LIBS-Messung grundsätzlich geeignet zu sein, da keine unplausiblen Q-Werte gemessen wurden. Eine zuverlässigere Aussage darüber lässt sich erst mit einer Kalibriermessreihe an einer Vielzahl von Proben treffen. Anhand dieses Vorversuchs kann keine Einstellung für $R_{\max}$ als offensichtlich ungeeignet bewertet werden.

7.7.2 Abtragseffektivität an Stahl-Messing Proben

Zunächst soll die Auslenkung $R_{\max}$ in der Abtragsphase daraufhin optimiert werden, dass die auf der Probe oder dem Stranggussblock vorhandenen Deckschichten möglichst vollständig entfernt werden. Mit einer Auslenkung von $R_{\max} = 0{,}75$ mm konnten die Deckschichten auf der Gussfläche soweit abgetragen werden, dass die Messwerte – im Rahmen der Genauigkeit – nicht mehr davon abhingen, ob am geschliffenen Grundmaterial oder von einer verzunderten Seite gemessen wurde, siehe Abschnitt 7.4. Bei den dabei untersuchten Proben bestanden sowohl die Deckschichten als auch das Grundmaterial in erster Linie aus Eisen. Die Dicke sowie die genaue Beschaffenheit der Deckschicht ist bei den meisten Messungen unbekannt. Dieser Umstand macht es schwierig, den verbleibenden Einfluss der Deckschicht auf eine spätere Messung abzuschätzen, zumal sich die Deckschichten je nach Position auf der Probe auch unterscheiden können. Um die Effektivität der Abtragsphase besser bewerten zu können, werden daher in diesem Abschnitt Modellsysteme untersucht, bei welchen Deckschicht und Grundmaterial aus möglichst unterschiedlichen Metallen bestehen. Abtrags- und Messphase wurden wie im letzten Abschnitt durchgeführt. Der Radius der Strahl-Auslenkung R_{max} in der CM-Abtragsphase (20 s) wurde variiert, die Auslenkung erfolgte wie zuvor im Muster 20s-I-B. Die DPO-Messphase (10 s) erfolgte bei allen Messungen einheitlich ohne Auslenkung. Als Deckschicht dienten Plättchen aus Edelstahl (Güte 1.4301), die auf ein Messingsubstrat aufgeklebt wurden. Der Eisenanteil des Edelstahlplättchens liegt bei ungefähr 70 M.–%, die Dicke der Edelstahlbleche lag bei 0,5 mm oder 1,0 mm. Das als Subtrat verwendete Messing bestand zu ca. 56 M.–% aus Kupfer und ca. 42 M.–% Zink sowie etwa 2 M.–% weiteren Legierungselementen. Die mittels Funkenspektroskopie ermittelten Zusammensetzungen der Messingproben sind Tabelle A.8 im Anhang aufgelistet. Der Messingblock wurde außerdem von einer Seite ohne Stahlplättchen als Leerprobe gemessen. In diesem Abschnitt wird das Verhältnis Q_{Fe}, bzw. $\tilde{Q}_{\mathrm{Fe}}$ der Atomlinien Fe-293,69 nm und Kupfer Cu-282,44 nm betrachtet. Bei einem idealen Abtrag des aufgeklebten Stahlplättchens unterscheiden sich die Spektren nicht von den Messungen an der Leerprobe. Eine weitere Messingprobe CuZnFe mit einem Eisengehalt von 0,42 M.–% diente als weitere Referenz, um aus dem $\tilde{Q}_{\mathrm{Fe}}$ Messwert auf den Anteil der Eisenatome im Plasma schließen zu können. Wenn bei einer Schichtprobe derselbe $\tilde{Q}_{\mathrm{Fe}}$-Wert gemessen wird, wie bei der homogenen CuZnFe-Probe, so kann näherungsweise angenommen werden, dass die 70 M.–% Eisen aus dem Edelstahlplättchen im Plasma auf 0,42 M.–% „verdünnt“ werden. Demzufolge besteht das Plasma zu etwa 0,6 % aus Deckschichtmaterial.

Der Verlauf von $\tilde{Q}_{\mathrm{Fe}}$ der homogenen Proben ist in Bild 7.26 dargestellt, Bild 7.27 zeigt denselben Versuch an Proben mit aufgeklebter Deckschicht. Bei der Messing-Leerprobe schwankt $\tilde{Q}_{\mathrm{Fe}}$ erwartungsgemäß um 0, bei Probe CuZnFe liegt dieser Wert bei etwa 0,058 . Diese Mittelwerte von $\tilde{Q}_{\mathrm{Fe}}$ über alle im Diagramm gezeigten Werte der beiden homogenen Proben sind als horizontale Linien eingezeichnet und mit „Leerprobe“ bzw. „0,42 M.–% Fe“ beschriftet. Auch in den folgenden Diagrammen sind diese Werte als Referenz eingezeichnet. Bei beiden homogenen Proben gibt es keine systematische Änderung von $\tilde{Q}_{\mathrm{Fe}}$ während der Messphase und auch ein Einfluss von R_{max} in der Abtragsphase ist nicht erkennbar. Wenn solche Effekte bei inhomogenen Proben gemessen werden, so können die-

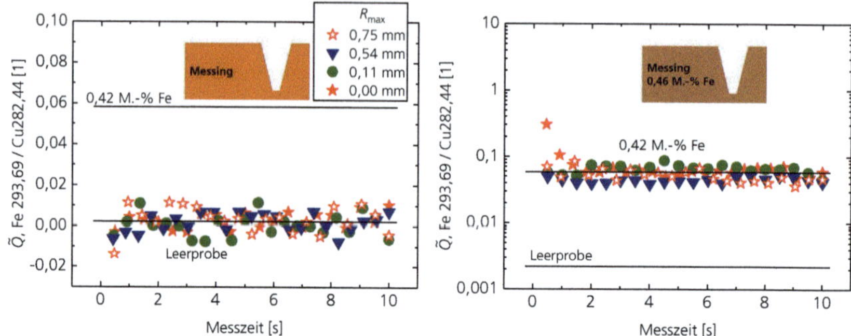

Bild 7.26: Verlauf der referenzierten Eisenintensität $\tilde{Q}_{\mathrm{Fe}}$ in der DPO-Messphase bei homogenen Messingproben. Links: Leerprobe. Rechts: Eisenanteil im Messing: 0,42 M.–% Fe. Variiert wurde die Auslenkung R_{max} in der vorhergehenden Abtragsphase. Man beachte die unterschiedlichen Skalierungen.

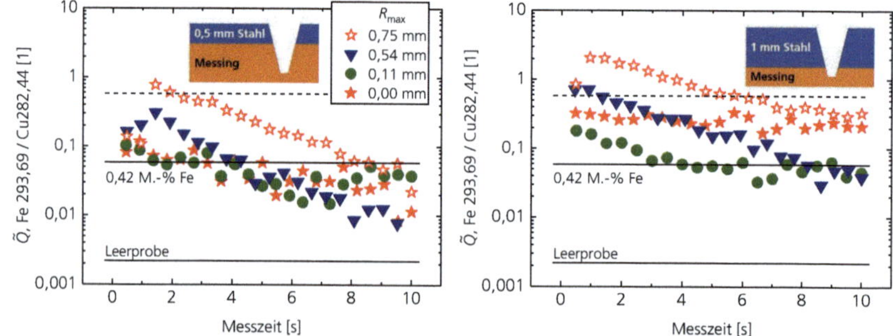

Bild 7.27: Verlauf der referenzierten Eisenintensität $\tilde{Q}_{\mathrm{Fe}}$ bei inhomogenen Proben. Auf die Messingprobe wurden Edelstahlplättchens als simulierte Deckschicht aufgeklebt. Die gemittelten Werte für eine Messingprobe ohne Eisen (Leerprobe) sowie eine homogene Messingprobe mit 0,42 M.–% Eisen sind als waagerechte Linien zum Vergleich eingezeichnet, vgl. Bild 7.26. Der zehnfache Wert letzterer Probe ist strichliert dargestellt. Variiert wurde die Auslenkung R_{max} in der vorhergehenden Abtragsphase.

se auf die Schichtstruktur der Probe zurückführt werden. Nebeneffekte, wie etwa eine Änderung der Kratergeometrie oder ein veränderliches Abstrahlverhalten der Laserstrahlungsquelle während der Messphase können als Ursache ausgeschlossen werden, da sich diese Effekte auch bei homogenen Proben gezeigt hätten. Bild 7.27 zeigt den Verlauf der referenzierten Eisenintensität $\tilde{Q}_{\mathrm{Fe}}$ während der Messphase bei den beiden Stahl/Messing-Proben. In allen Fällen ist ein Kupfersignal vorhanden. Das bedeutet, dass die Stahlschicht durchdrungen wurde. Die Verläufe von $\tilde{Q}_{\mathrm{Fe}}$ nehmen bei der 1 mm Schicht höhere Werte an, als bei der Probe mit 0,5 mm-Schicht und identischer Auslenkung. Wird in der Abtragsphase mit $R_{\max} = 0{,}75$ mm ausgelenkt, werden bei beiden Schichtdicken die höchsten $\tilde{Q}_{\mathrm{Fe}}$-Werte gemessen. Bei einer Schichtdicke von 0,5 mm werden bei einer Auslenkung von $R_{\max} = 0{,}54$ mm im letzten Viertel der Messphase die geringsten $\tilde{Q}_{\mathrm{Fe}}$-Werte gemessen. Zu Beginn der Messung ist $\tilde{Q}_{\mathrm{Fe}}$ jedoch höher als bei geringeren Auslenkungen. Eine Auslenkung von $R_{\max} = 0{,}11$ mm hat bei dieser Schichtdicke nur geringe Auswirkungen; diese Kurve ist sehr ähnlich zu den Messungen ohne Auslenkung. Bei einer Schichtdicke von 1 mm liefert die Messung ohne Auslenkung jedoch höhere $\tilde{Q}_{\mathrm{Fe}}$-Werte. Die geringsten $\tilde{Q}_{\mathrm{Fe}}$-Werte werden bei dieser Schicht erreicht, wenn in der Abtragsphase um $R_{\max} = 0{,}11$ mm ausgelenkt wird. Insgesamt gesehen liegen alle auf diese Weise ermittelten $\tilde{Q}_{\mathrm{Fe}}$-Werte über dem Mittelwert der Leerprobe, es werden jedoch nur wenige Werte $\tilde{Q}_{\mathrm{Fe}} > 0{,}58$ beobachtet. Dieser Wert ist das Zehnfache der referenzierten Eisenintensität, die bei der CuZnFe-Probe gemessen wurde, vgl. Bild 7.26, rechts. Unter der Annahme, das $\tilde{Q}_{\mathrm{Fe}}$ in diesem Bereich linear mit der Eisenkonzentration ansteigt, entspricht dies einem Deckschichtanteil von etwa 6,0 % im Plasma.

Aus der Tatsache, dass mit der relativ geringen Auslenkung von $R_{\max} = 0{,}11$ mm die 1 mm Schicht am effektivsten abgetragen wurde, lässt sich schließen, dass für einen wirksamen Abtrag der Deckschicht bereits geringe Auslenkungen ausreichen, verglichen mit dem Fokusdurchmesser von einigen hundert Mikrometern. Flache, aber weite Krater zeigen keine Vorteile gegenüber den tieferen mit kleinerem Durchmesser. Dies ist insofern beachtlich, da die effektive Kratertiefe auch bei einer Auslenkung von $R_{\max} = 0{,}75$ mm über der Dicke des 0,5 mm-Plättchens liegt, siehe Abschnitt 7.1. Dennoch zeigte diese Probe die höchsten $\tilde{Q}_{\mathrm{Fe}}$-Werte und auch bei den anderen Proben lagen diese signifikant über den Werten der eisenfreien Messing-Leerprobe. Das bedeutet, dass auch Material aus der Deckschicht und nicht nur das Grundmaterial gemessen wird. Je deutlicher sich diese unterscheiden, desto größer ist der daraus resultierende Messfehler.

Für diesen Deckschichteinfluss kommen mehrere Ursachen in Frage, die im Folgenden gegeneinander abgegrenzt werden sollen.

(A) Direkte Beaufschlagung von Deckschichtmaterial mit Laserstrahlung

(B) Materialverschleppung

(C) Indirekte Wechselwirkung zwischen Laserplasma und Kraterwand

Die zunächst genannte Ursache (A) bedeutet, dass der Materialabtrag der CM-Phase derart verläuft, dass auch nach der Abtragsphase Teile der Deckschicht der Laserstrahlung ausgesetzt sind. Je steiler die Kraterwände verlaufen, desto geringer ist dort die Bestrahlungsstärke. Dieser Effekt ist eine plausible Erklärung dafür, dass sich eine zu große Auslenkung ($> 0{,}11\,\mathrm{mm}$) als kontraproduktiv erwiesen hat. Ursache (B) ist die Verschleppung von Deckschichtmaterial in das Innere des Kraters. Der Materialabtrag in der Abtragsphase erfolgt teilweise durch Aufschmelzen des Materials. Denkbar ist, dass sich in der Schmelze Material aus der Deckschicht mit dem Grundmaterial vermischt und wieder erstarrt. Außerdem ist es möglich, dass ablatiertes Material innerhalb des Kraters rekondensiert und so vom oberen Rand des Kraters in die tieferen Bereiche gelangt. Die dritte Ursache (C) in der Liste, eine indirekte Wechselwirkung zwischen Laserplasma und den Kraterwänden, ist aus der Literatur bekannt. Corsi et al. [Cor+05] erzeugten hierzu Laserplasmen auf einer Aluminiumprobe, auf welche eine gelochte Messingscheibe gelegt werden konnte. Die Messingscheibe führte zu Zink und Kupferlinien im LIBS-Spektrum, die im Aluminiumspektrum fehlten. Eine direkte Wechselwirkung zwischen Messingscheibe und Laserstrahl schlossen die Autoren aus und führten die beobachten Linien auf eine Wechselwirkung des Plasmas mit dem umgebenden Messing zurück.

Um quantitativ zu erfassen, wie stark die indirekte Wechselwirkung (C) in das Messergebnis einstreut, wurde das Edelstahlplättchen bei weiteren Messungen nicht mit der Messingprobe verklebt, sondern mit der Probenhalterung – siehe Bild 4.3 – verbunden. Hinter dem Plättchen (Dicke: 0,5 mm) wurde eine Messingprobe eingespannt. Die Abtragsphase wurde wieder mit 20 Sekunden CM und einer Auslenkung von 0,75 mm durchgeführt. Nach dem Ende dieser Abtragsphase wurde die Messingprobe verschoben, nicht jedoch das Stahlplättchen, sodass der Laserstrahl in der Messphase durch das zuvor gebohrte Loch auf eine neue Stelle der Messingprobe fokussiert wird. Ursache (B), also Kontaminationen des Messings durch die Abtragsphase, kann auf diese Weise ausgeschlossen werden. Nach einer Messphase wurde die Messingprobe weiter verschoben und weitere, unbehandelte Stellen gemessen, ohne dass das Edelstahlplättchen verschoben oder entfernt wurde. Auf diese Weise soll untersucht werden, ob und inwieweit die Kraterwände durch die DPO-Messphase verändert werden.

Bild 7.28 (links) zeigt das durchbohrte Stahlplättchen und den Messkrater der Messingprobe. Der Messkrater liegt vollständig innerhalb der Bohrung, es gibt also keinen Überlapp zwischen dem Messkrater und dem Stahlplättchen. Damit kann auch Ursache (A), die direkte Wechselwirkung zwischen Laserstrahl und der Oberflächenschicht ausgeschlossen werden, zumindest unter den Bedingung, dass die Deckschicht 0,5 mm dick ist und die CM-Abtragsphase in der beschriebenen Weise erfolgt. Dass sich ein Abtrag mit 0,75 mm Auslenkung als ausgesprochen ungünstig erwiesen hat, muss also tatsächlich eine andere Ursache haben, als eine unzureichende Abtragstiefe. Der Verlauf der referenzierten Eisenintensitäten $\tilde{Q}_{\mathrm{Fe}}$ nach bis zu drei Verschiebungen der Probe ist in Bild 7.29 (rechts) dargestellt. Die $\tilde{Q}_{\mathrm{Fe}}$-Werte liegen in den derselben Größenordnungen, wie bei einer aufgeklebten Deckschicht dieser Dicke, siehe Bild 7.27 (links) im letzten Abschnitt. Ursache (C), die indirekte Wechselwirkung zwischen Plasma und Kraterwand, scheint also einen signifikanten Einfluss zu haben. Während einer Messphase nimmt $\tilde{Q}_{\mathrm{Fe}}$ um etwa eine Größenordnung ab. Wenn danach die Messingprobe verschoben und erneut gemessen wird, ist die Intensität zu Beginn der Messung wieder deutlich erhöht, jedoch etwas geringer als sie zu Beginn der letzten Messung war. Der erste Datenpunkt aus der Reihe „Verschiebung 2“ ist vermutlich als Ausreißer einzuschätzen, da er nicht zu dem Verlauf der übrigen Punkte dieser Messphase passt. Dass die Eisenintensität mit einer weiteren Messphase abnimmt, lässt sich mit kondensierendem Messing erklären, welcher das Edelstahlplättchen nach und nach überdeckt. Die Änderungen von einer Messung zur nächsten sind jedoch deutlich schwächer, als die $\tilde{Q}_{\mathrm{Fe}}$-Abnahme, die innerhalb einer Messphase auftritt. Eine Erklärung für diese könnte die zunehmende Kratertiefe sein. Zu Beginn der Messphase wird das Plasma auf

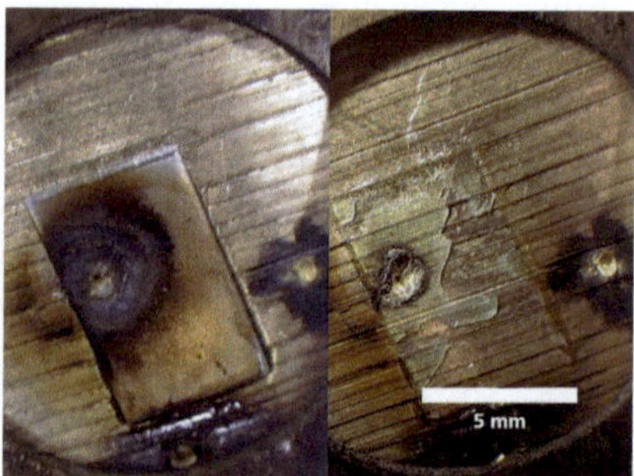

Bild 7.28: Links: Messkrater in einer Messingprobe unterhalb eines zuvor durchbohrten Edelstahlplättchens. Vor der Messphase wurde der Messingblock verschoben. Rechts: Entfernung des durchbohrten Stahlplättchens zwischen Abtrags- und Messphase. Die Dicke beider Plättchen lag bei 0,5 mm.

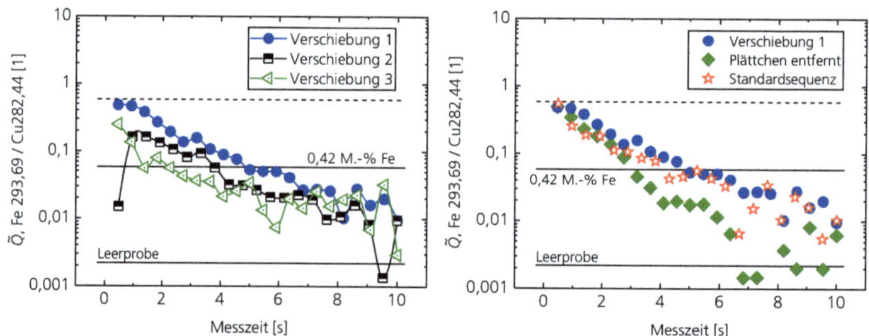

Bild 7.29: Links: Verlauf der referenzierten Eisenintensitäten $\tilde{Q}_{\mathrm{Fe}}$ bei drei aufeinanderfolgenden DPO-Messungen durch ein zuvor durchbohrtes Stahlplättchen. Vor jeder Messung wurde die Messingprobe verschoben, sodass unbeaufschlagtes Messing durch die bestehende Bohrung des Stahlplättchens gemessen wurde. Rechts: Vergleich mit DPO-Messungen nach weiteren Vorbehandlungen. Raute: Stahlplättchen in der Abtragsphase durchbohrt und vor der Messphase entfernt. Stern: „Normale“ Messung, also Messphase unmittelbar nach Abtragsphase.

einer planen Oberfläche erzeugt. Das Plasma kann sich in den gesamten Halbraum ausdehnen und daher auch in Richtung der Stahlwände. Mit zunehmender Tiefe bildet sich auch in der vormals planen Messingprobe eine Kavität, welche die Stahlwände zunehmend abschirmt. Eine solche Kavität bildet sich auch während der Abtragsphase. Daher ist davon auszugehen, dass die indirekte Wechselwirkung in der Praxis einen etwas schwächeren Einfluss hat, als dieser Versuch vermuten lässt. Im Folgenden wird nur die „Verschiebung 1“ dieses Versuchs weiter betrachtet, da dieser Fall am ehesten der praktischen Anwendung entspricht.

Die Gegenprobe zur zuvor untersuchten indirekten Plasmawechselwirkung ist, das Edelstahlplättchen nach der Abtragsphase zu entfernen, wie in Bild 7.28 (rechts) gezeigt und danach die DPO-Messphase durchzuführen. In diesem Fall ist Ursache (C) eine indirekte Wechselwirkung des Plasmas mit der Kraterwand ausgeschlossen. Die Eisenanteile im Plasma müssen auf anderem Wege auf die Probenoberfläche gelangt sein. Bild 7.29 (rechts) zeigt den Verlauf der referenzierten Eisenintensität $\tilde{Q}_{\mathrm{Fe}}$ bei einer auf diese Weise kontaminierten Messingprobe (Rauten-Symbole) sowie $\tilde{Q}_{\mathrm{Fe}}$ nach der zuvor beschriebenen „Verschiebung 1“ des Messingblocks (Kreissymbole). Bei einer Standardsequenz (Stern-Symbole) wird die aufgeklebte Oberflächenschicht in der CM-Abtragsphase durchbohrt und direkt danach in der DPO-Messphase in dem entstanden Krater gemessen, ohne dass die Probe verschoben wurde.

Zu Beginn der Messphase liegen die $\tilde{Q}_{\mathrm{Fe}}$-Werte bei allen Verläufen etwa gleichauf. Im weiteren Verlauf der Messphase nimmt $\tilde{Q}_{\mathrm{Fe}}$ stärker ab, wenn die Deckschicht entfernt wurde, verglichen mit dem Verlauf von „Verschiebung 1“. Bei einer Standardsequenz treten Materialverschleppung (B) und indirekte Plasmawechselwirkung (C) simultan auf. Dennoch liegen die $\tilde{Q}_{\mathrm{Fe}}$-Messwerte dieser Standardsequenz unter der Messkurve „Verschiebung 1“. Hier zeigt sich der Einfluss der Kraterform; bei der Standardsequenz wird während der Abtragsphase auch im Messing-Grundmaterial ein Krater erzeugt, welcher die indirekte Wechselwirkung reduziert. Diese Reduktion wird durch die Materialverschleppung nicht vollständig kompensiert. Dass der Einfluss der Materialverschleppung nur zu Beginn der Messphase eine merkliche Rolle spielt, kann damit erklärt werden, dass der Laserabtrag auch im DPO-Modus ausreicht, um das rekondensierte Material zu ablatieren.

7.7.3 Materialverschleppungen in Querschliffbildern

Im letzten Abschnitt wurde anhand von LIBS-Messungen gezeigt, dass ablatiertes Material aus der Deckschicht in tiefere Bereiche des Kraters gelangt. In diesem Abschnitt soll der Einfluss der Strahlauslenkung auf die Materialverschleppung anhand von Querschliffbildern untersucht werden. Bild 7.30 zeigt die Querschliffe zweier Krater im Lichtmikroskopbild sowie als REM-Aufnahmen mit EDX-Analysen. Die Deckschicht der Proben besteht aus einem 1 mm dicken Edelstahlplättchen, das Substrat aus 2 mm-Messingblech. Beide Krater wurden im Reinigungsmodus (CM) abgetragen. Nach der Abtragsphase wurde keine Messphase durchgeführt, damit der untersuchte Probenzustand dem Beginn und nicht dem Ende der Messphase entspricht. Bei einer Auslenkung von $R_{\mathrm{max}} = 0{,}54\,\mathrm{mm}$ im Muster 20s-I-B, links dargestellt, wurde 20 s abgetragen. Im statischen Fall ohne Auslenkung wurde die Abtragsdauer auf 3,5 s reduziert, um die maximale Kratertiefe ähnlich zu halten. In der Mitte des Strahlprofils ist die Bestrahlungsstärke am höchsten – ohne Auslenkung verbleibt diese während des Abtrags an derselben Stelle der Probenoberfläche, sodass auch das Substrat bereits nach 3,5 s durchbohrt ist. Ein Abtrag mit Auslenkung von $R_{\mathrm{max}} = 0{,}54\,\mathrm{mm}$ führte auch nach 20 s nicht zur Durchbohrung des Substrats. Dabei galt das Substrat dann als durchbohrt, wenn die Probe vor dem Einbetten mit einer Taschenlampe durchleuchtet werden konnte. Ist dies möglich, so muss eine Kavität von der Oberseite bis zur Unterseite der Probe verlaufen, also sowohl durch die Deckschicht als auch durch das Substrat hindurch. Diese Durchbohrung ist in den Querschliffbildern nicht zusehen.

Der Abtrag ohne Auslenkung, rechts abgebildet, führt zu einem tropfenförmigen Profilquerschnitt. Der Krater scheint an der Oberfläche einen geringeren Durchmesser zu haben als in der Tiefe. Dies lässt sich dadurch erklären, dass der Laserstrahl nicht senkrecht zur Oberfläche eingestrahlt wurde und daher auch der Krater schräg verläuft. Dadurch, dass der Laserstrahl beim Abtrag nicht in der späteren Schliffebene lag, ergibt sich ein zur Bohrung geneigter Schnitt. Diese erstreckt sich, wie vor der Einbettung überprüft wurde, durch Deckschicht und Substrat hindurch. Im Lichtmikroskopbild sind bei beiden Kratern Schichten erkennbar, die aus rekondensiertem Material bestehen. Im ausgelenkt abgetragenen Krater befindet sich auf dem Messingsubstrat eine Schicht, die sich farblich von dem Messing unterscheidet. Beim statisch abgetragenen Krater sind

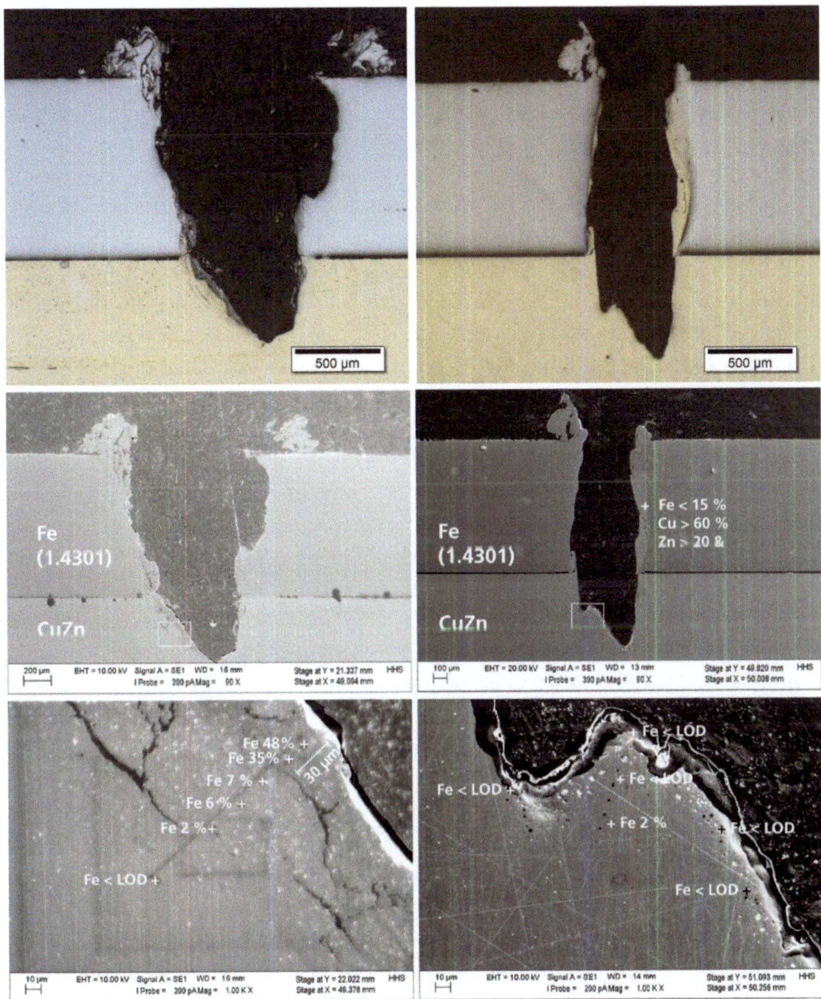

Bild 7.30: Materialverschleppung bei Messing/Edelstahl-Proben in Querschliffbildern. Oben: Lichtmikroskop, mitte/unten: REM-EDX. Die eingerahmten Bereiche (Mitte) sind in der Detailansicht (unten) vergrößert dargestellt. An den mit + markierten Stellen wurde die Zusammensetzung mit EDX bestimmt. Links: Abtrag mit Auslenkung $R_{\max} = 0{,}54\,\mathrm{mm}$, rechts: Abtrag ohne Auslenkung.

die oberen Kraterwände mit einer Schicht bedeckt, die optisch eher dem Messing als dem umgebenden Edelstahl entspricht. Diese Kraterwand sowie die Grenze zwischen Grundmaterial und Einbettmasse in den unteren Bereichen der Krater wurden mit REM-EDX untersucht, um die lokale Zusammensetzung zu ermitteln, siehe Bild 7.30. Im unteren Teil des ausgelenkt abgetragenen Kraters befindet sich eine Schicht, die zu großen Teilen aus Eisen besteht. Die Dicke dieser Schicht beträgt etwa 30 µm. Auch in den nächsten 30 µm ist Eisen nachweisbar, auch wenn dieser Anteil mit zunehmendem Abstand von der Kraterwandung geringer wird und schließlich unter die Nachweisgrenze fällt. Bezogen auf die Grenzfläche zwischen Edelstahlplättchen und Messing befindet sich diese Schicht in Tiefen bis über 200 µm, was 700 µm Abstand zur Probenoberfläche entspricht. Bei einem statischen Abtrag ist eine solche eisenhaltige Schicht am Kraterboden nicht nachweisbar. Der Eisengehalt dort liegt unter der Nachweisgrenze oder knapp darüber. Die Bohrung durch das Edelstahlplättchen ist jedoch mit Messing bedeckt, hier liegen die Eisenwerte unter 15 M.-%.

Diese Beobachtungen lassen sich wie folgt zusammenfassen: Bei einem ausgelenkten Abtrag erfolgt die Materialverschleppung vorrangig von der Deckschicht in das Innere des Kraters hinein. Ohne Auslenkung rekondensiert in erste Linie Grundmaterial in äußeren Bereichen des Kraters. Sowohl Ursache (B), die Verschleppung von Deckschichtmaterial, als auch Ursache (C) die indirekte Wechselwirkung zwischen Laserplasma und Kraterwand führen zu einem Einfluss der Deckschicht auf die LIBS-Messung. Unter welchen Umständen es zu Ursache (A), einer direkten Beaufschlagung von Deckschichtmaterial mit Laserstrahlung während der DPO-Messphase kommt, wurde in diesem Abschnitt nicht gesondert untersucht. Dieser Einfluss konnte bei allen Modellversuchen dieses Abschnitts ausgeschlossen werden. Da jedoch bereits die indirekte Wechselwirkung zwischen Laserstrahlung und Kraterwand zu einem wesentlichen Einfluss der Oberflächenschicht auf das Messergebnis führt, kann das Fehlen von Ursache (A) als notwendige Bedingung für ein brauchbares Abtragsschema angesehen werden.

7.8 Verbesserung der Abtragsstrategie

Die Feststellung, dass ablatiertes Material in der Umgebung des Laserplasmas rekondensiert und dadurch bereits freigelegtes Grundmaterial verunreinigen kann, wirft die Frage auf, wie sich dadurch bedingte Messfehler minimieren lassen. Es sollte soweit wie möglich vermieden werden, Material aus der Deckschicht zu ablatieren, wenn das Grundmaterial bereits frei liegt. Das bisher genutzte einstufige Abtragsmuster besteht aus konzentrischen Kreisen, in denen der Laserfokus über die Probe bewegt wird. Der Radius dieser Kreise wird dabei zwischen $\frac{R_{\max}}{10}$ und $R_{\max}$ variiert. Eine Verunreinigung durch rekondensierendes Material ist insbesondere dann zu erwarten, wenn gegen Ende der Abtragsphase mit zu hoher Auslenkung abgetragen wird, schematisch dargestellt in Bild 7.31 (oben). Die untere Zeile zeigt schematisch eine verbesserte zweistufige Abtragsstrategie. Zunächst wird nur in einem äußeren Ring abgetragen, sodass sich eine Art Graben um die spätere Messstelle bildet. Im zweiten Teil der Abtragsphase wird das Innere des Rings entfernt und die Messstelle freigelegt. Dabei wird zunächst die Deckschicht direkt über der Messstelle abgetragen. Da jedoch noch kein Grundmaterial freigelegt wurde, kann dieses nicht durch Kondensat verunreinigt werden. Sobald das Grundmaterial freigelegt ist, wird kein Material aus der Deckschicht mehr ablatiert. Im günstigsten Fall werden die Kraterwände in der Deckschicht sogar mit Grundmaterial zumindest teilweise abgedeckt, sodass auch die indirekte Einstreuung reduziert wird. Bei einem Abtrag ohne Auslenkung war eine solche Abdeckung in Querschliffbildern deutlich erkennbar, siehe Bild 7.30, rechts.

Der Effekt dieser zweistufigen Abtragsstrategie soll im Folgenden experimentell an LIBS-Spektren untersucht werden. Die Geometrie und Größe der dabei erzeugten Krater soll sich dabei möglichst wenig unterscheiden, damit unterschiedliche Messergebnisse tatsächlich auf die unterschiedlichen Materialverschleppungen zurückgeführt werden können. Der einstufige Abtrag wurde wie bisher in konzentrischen Ringen durchgeführt. Der Laserstrahl wurde dabei mit einer Auslenkung zwischen $\frac{R_{\max}}{10}$ und $R_{\max}$ über die Probe bewegt (Skriptname 20s-I-B in Bild A.3). Die beiden Stufen des zweistufigen Abtrags (20s-II-A) wurden mit jeweils 10 Sekunden gleich lang gewählt. Die Auslenkung in der ersten Phase lag dabei zwischen $\frac{R_{\max}}{\sqrt{2}}$ und $R_{\max}$. In der zweiten Phase zwischen $\frac{R_{\max}}{10\sqrt{2}}$

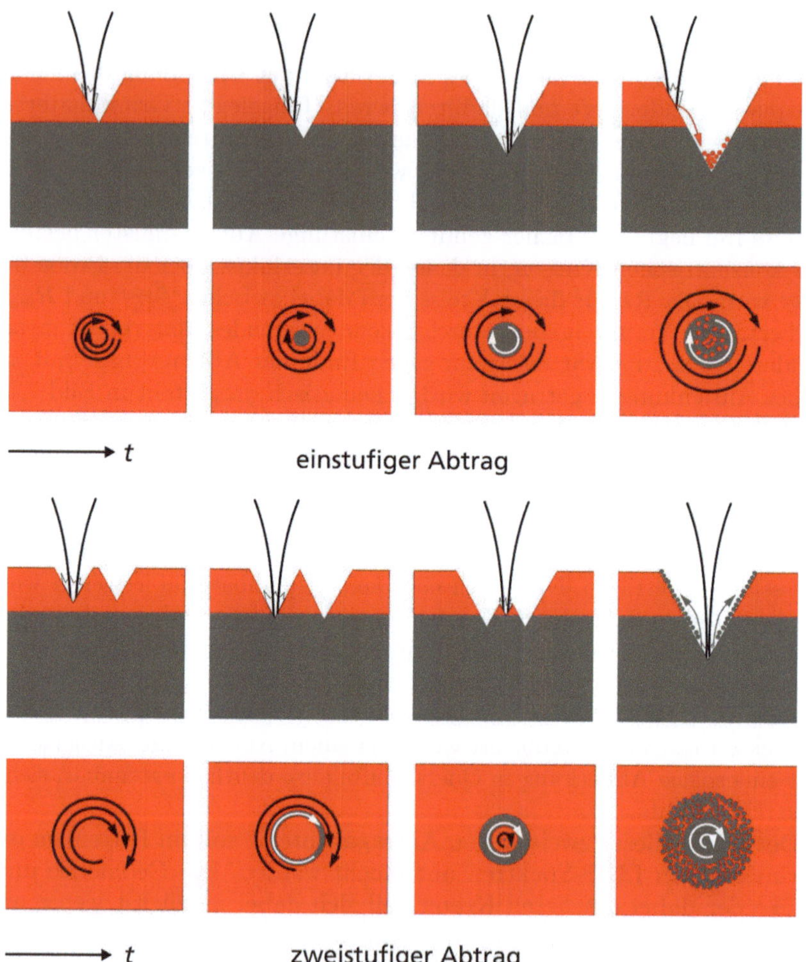

Bild 7.31: Schematischer Verlauf des Kraterquerschnittes bei unterschiedlichen Abtragsstrategien. Die Pfeile zeigen die Bewegung des Laserfokus in der Draufsicht auf das Messobjekt. Oben: Einstufiger Abtrag; während der Abtragsphase wird der Laserfokus über die gesamte Kraterfläche bewegt. Unten: Zweistufiger Abtrag; zunächst wird ein ringförmiger Graben um die spätere Messstelle herum abgetragen. Das Innere dieses Rings wird anschließend entfernt.

und $\frac{R_{max}}{\sqrt{2}}$. Die Flächen, von welchen in den einzelnen Phasen ablatiert wird, sind also jeweils etwa gleich groß. Die untersuchte Probe bestand aus einem 0,5 mm-Edelstahlplättchen, aufgeklebt auf einen Messingblock. Bild 7.32 zeigt die Messungen nach dem unterschiedlich ausgeführten Abtrag der Deckschicht. Wenn der Abtrag zweistufig von außen nach innen durchgeführt wird, so nimmt $\tilde{Q}_{Fe}$ ähnliche Werte an, wie die Leerprobe. Wie bei der Leerprobe treten Messwerte $\tilde{Q}_{Fe} < 0$ auf, sodass eine lineare Skalierung gewählt wurde. Eine deutliche Verringerung des Eisensignals durch den zweistufigen Abtrag ist offensichtlich, insbesondere im ersten Teil der Messphase.

Das im letzten Abschnitt vorgestellte Konzept eines zweistufigen Abtrags soll nun auf Eisenmatrix-Proben übertragen werden. Der Vorteil der Messing/Edelstahlproben lag darin, dass Materialverschleppung im Mikroskopbild sowie mit REM-EDX deutlicher erkennbar sind. Bei praxisrelevanten Messungen besteht jedoch sowohl das Grundmaterial als auch die Deckschicht größtenteils aus Eisen. Die Messingblöcke, die im letzten Abschnitt sowohl als Leerprobe, als auch als simuliertes Grundmaterial dienten, wurden daher durch Reineisenproben ersetzt. Die Legierungs-

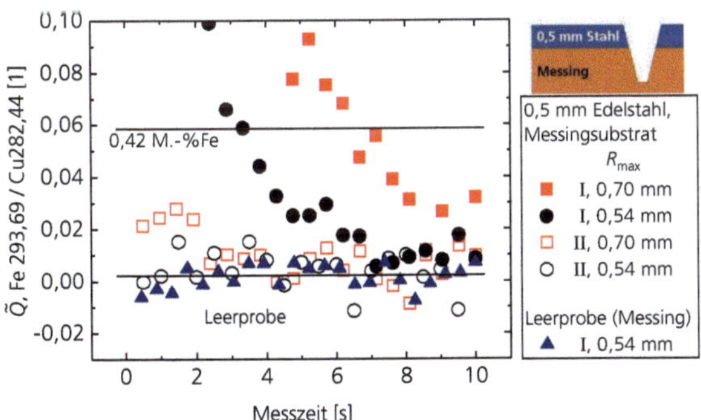

Bild 7.32: Vergleich von ein- und zweistufigen Abtragsmuster (I/II) bei unterschiedlichen Auslenkungen R_{max}. Abtragsschemata siehe Bild 7.31. Die Schichtproben bestanden aus 0,5 mm Edelstahl aufgeklebt auf Messing, die Leerprobe nur aus Messing.

elemente Chrom und Nickel des hochlegierten Edelstahls dienen nun als Marker für einen Oberflächeneinfluss. Mit niedriglegierten Stahlproben wurde zudem für diese Elemente eine Kalibriermessreihe aufgenommen, um die gemessenen LIBS-Signale quantitativ auswerten zu können.

Bild 7.33 zeigt in der oberen Zeile den Verlauf der DPO-Messphasen für Nickel und Chrom an der Edelstahl/Reineisen-Probe. Der beste Oberflächenabtrag wurde bei einer Auslenkung von $R_{\mathrm{max}} = 0{,}54\,\mathrm{mm}$ und einem zweistufigen Abtrag beobachtet, wie bei einem Abtrag einer

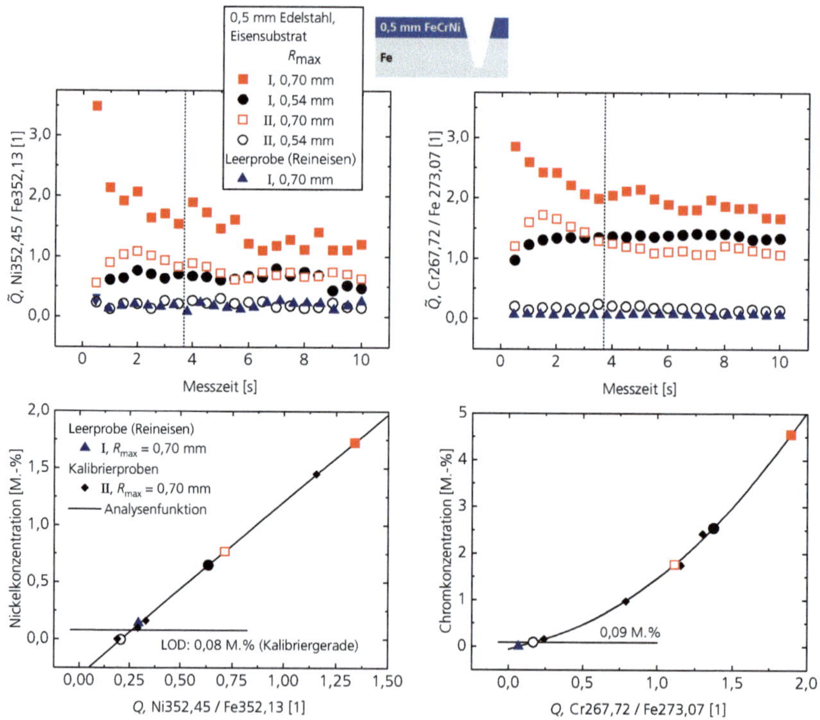

Bild 7.33: Q_{Ni} und Q_{Cr} als Maß der Abtragseffektivität für ein- und zweistufige Abtragsmuster (I/II) und unterschiedlichen Auslenkungen R_{max}. Die Schichtproben bestanden aus 0,5 mm Edelstahl aufgeklebt auf Reineisen. Die Rückseite der Eisenprobe diente als Leerprobe. Die Legende gilt für Nickel und Chrommessungen gleichermaßen.

Edelstahl/Messing-Probe. Es fällt jedoch auf, dass die $\tilde{Q}$-Signale während der Messphase langsamer abfallen, wenn das Substrat aus Reineisen anstatt aus Messing besteht. Als Beispiel sei der einstufige Abtrag mit einer Auslenkung von $R_{\mathrm{max}} = 0{,}54\,\mathrm{mm}$ genannt, der in den Diagrammen als ausgefüllte Kreise dargestellt ist. Das Eisensignal $\tilde{Q}_{\mathrm{Fe}}$, einer Edelstahl-Messing-Probe, siehe Bild 7.32, ist alleine in den letzten 5 Sekunden auf etwa ein Drittel zurückgegangen. Wird das Edelstahlplättchen jedoch auf ein Reineisensubstrat aufgeklebt, so ist das Signal $\tilde{Q}_{\mathrm{Ni}}$ während der DPO-Messphase weitgehend konstant, ebenso wie $\tilde{Q}_{\mathrm{Cr}}$. Dies kann mit den unterschiedlichen thermischen Eigenschaften der Substrate erklärt werden: Die spezifischen Verdampfungswärmen von Kupfer und Zink sind etwas geringer als die von Eisen [ZEY11]; vor allem aber beträgt die Wärmeleitfähigkeit von Messing etwa das Dreifache der Wärmeleitfähigkeit von Eisen [Kot14]. Mit der Wärmeleitfähigkeit steigt die Wärmeeindringtiefe [Sat97], sodass das pro Laserpuls ablatierte Volumen bei Messing höher ist als bei Eisen. Dementsprechend werden die Kraterwände schneller mit Grundmaterial bedeckt, wenn dieses aus Messing besteht.

Bei der Ermittlung von Q aus einzelnen $\ddot{Q}$-Werten, wurden die ersten 7 ausgelesenen Spektren verworfen und Q_{Ni} und Q_{Cr} wurden aus den verbleibenden Spektren bestimmt. Diese Grenze ist im Diagramm als gepunktete Linie dargestellt. Aus diesen Q-Werten kann eine Konzentration c_{m} berechnet werden, anhand der mit 5 Kalibrierproben aufgenommenen Analysenfunktion, Bild 7.33 (unten). In diesem Abschnitt wurden alle Schichtproben mit derselben Analysenfunktion ausgewertet unter der Annahme, dass sich die Analysenfunktion nicht mit dem Aspektverhältnis ändert. Diese Annahme erscheint nach den Vorversuchen, siehe Bild 7.25 gerechtfertigt. Bei homogenen Proben war kein signifikanter Zusammenhang zwischen der Auslenkung R_{max} und der referenzierten Intensität Q zu beobachten. Exakter wäre es jedoch, für die Ermittlung der Analytkonzentration eine Kalibriermessreihe zu verwenden, die mit denselben Parametern aufgenommen wurde. In Abschnitt 7.9 werden die Abtragschemata, die für einen tatsächlichen Einsatz in Frage kämen, in dieser Weise ausgewertet.

Das Verhältnis L zwischen dem LIBS-Analyseergebnis c_{m} von Nickel bzw. Chrom und der Konzentration dieses in der Oberflächenschicht

c_{Schicht} soll im Folgenden als Kennzahl dafür dienen, wie stark die Oberflächenschicht das Messergebnis beeinflusst:

$$L = \frac{c_{\text{m}}}{c_{\text{Schicht}}} \times 100\,\%. \tag{7.5}$$

Bei einem idealen Abtrag hat die aufgeklebte Deckschicht keinen Einfluss auf das Messergebnis. Dieses entspricht einer Messung an der Leerprobe, also dem Substrat ohne den Analyten. Dann gilt $L = 0\,\%$. Wird das Substrat nicht erreicht, gilt $L = 100\,\%$. Es wird nur die Oberflächenschicht gemessen.

Die Messwerte für Nickel entsprechen bei der am besten „gereinigten“ Probe (II, $R_{\text{max}} = 0{,}54\,\text{mm}$) den Messwerten der Leerprobe. Im verwendeten Edelstahl beträgt die Nickelkonzentration mindestens 8 M.–%. Die Nickel-Nachweisgrenze dieser LIBS-Messreihe der Kalibriergeradenmethode liegt bei 0,08 M.–%. Setzt man diesen Wert als die obere Grenze für den Nickelmesswert an, so liegt der Anteil der Oberflächenschicht bei maximal $L = 1\,\%$. Das Chromsignal dieser Probe Q_{Cr} entspricht einer Konzentration von 0,09 M.–%. Die Edelstahlschicht, die zu 18 M.–% aus Chrom besteht, geht nach dieser Rechnung zu etwa $L = 0{,}5\,\%$ in das Plasma ein.

Nachdem gezeigt wurde, dass mit einem zweistufigen Abtrag der Einfluss der Deckschicht reduziert werden kann, soll im Folgenden der Einfluss der Auslenkung R_{max} untersucht werden. Die Versuche an Edelstahl/Messing-Proben ließen bereits vermuten, dass diese weder zu groß noch zu klein gewählt werden sollte, um einen optimalen Abtrag zu erzielen. Dazu wurden weitere Messungen an der Edelstahl/Stahl-Probe durchgeführt. Die Dicken der aufgeklebten Bleche lagen hierbei bei 1,0 mm, 0,5 mm und 0,1 mm. Beibehalten wurde die zweistufige Abtragsstrategie (Auslenkungsskript 20s-II-A, siehe Bild A.3), Durchführung der Messphase sowie die Auswertung der Spektren. Variiert wurde die Auslenkung des Laserstrahls R_{max}.

Die niedrigsten Werte für Q_{Ni} bzw. Q_{Cr} ergeben sich bei Auslenkungen von $0{,}5\,\text{mm} < R_{\text{max}} < 0{,}6\,\text{mm}$ in der Abtragsphase, siehe Bild 7.34. Diese Auslenkungen erscheinen für alle getesteten Schichtdicken geeignet. Wenn die Auslenkung zu hoch gewählt wird, so steigt Q für beide Elemente stärker, als wenn die Auslenkung zu gering gewählt wird. Bei $R_{\text{max}} > 0{,}6\,\text{mm}$ zeigt sich hierbei ein deutlicher Sprung, wenn die Deckschichtdicke über 0,1 mm liegt. Je dicker die Edelstahlschicht ist, desto höher sind erwartungsgemäß die Intensitäten der Legierungselemente. Bei einer Auslenkung von $R_{\max} = 0{,}54\,\text{mm}$ und einer Schichtdicke von 1,0 mm wird $Q_{\text{Cr}} = 0{,}393$ gemessen, was einer Chromkonzentration von etwa 0,32 M.–% entspricht. Der Anteil L der Oberflächenschicht im Plasma liegt also bei ungefähr 1,8 %. Bei Auslenkungen $R_{\max} < 0{,}54\,\text{mm}$ nehmen die Q_{Ni} bzw. Q_{Cr} Werte wieder zu. Daher wurden keine weiteren Versuche mit $R_{\max} < 0{,}54\,\text{mm}$ durchgeführt.

Die aufgeklebten 1.4301-Edelstahlschichten, die in diesem Kapitel als simulierte Deckschichten dienten, sind mit dem Substrat weniger fest verbunden, als eine Seigerungsschicht. Auch eine großflächige Verklebung konnte mit Handkraft wieder gelöst werden. An den Messstellen scheint jedoch eine lokale Verschweißung zu erfolgen, da sich nach einigen Messungen die beiden Probenteile nur noch mit Werkzeug trennen ließen. Hier stellt sich die Frage, ob der Abtrag bei einer massiven Probe anders verläuft, als bei einer aufgeklebten Deckschicht. Dazu wurden die Abtragsphasen bei massiven und geklebten Proben bei unterschiedlichem Fortschritt abgebrochen und die Kraterbilder verglichen. Bild 7.35

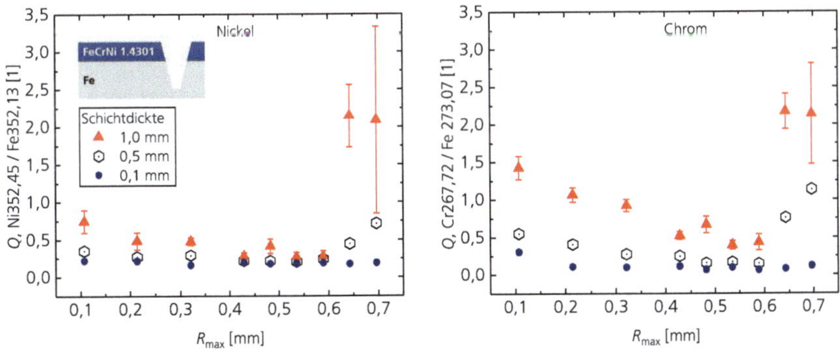

Bild 7.34: Referenzierte Nickel- und Chromintensitäten der DPO-Messphase in Abhängigkeit $R_{\max}$ der vorgeschalteten, zweistufigen Abtragsphase. Diese Elemente sind nur in der aufgeklebten Deckschicht vorhanden. Je höher deren referenzierte Intensitäten Q_{Ni} bzw. Q_{Cr} sind, desto stärker beeinflusst die Deckschicht die Messung.

zeigt die entstehenden Krater, wobei der Abtrag nach der 13. bzw. der 14. Sekunde abgebrochen wurde. Die Abtragsphase wurde, wie im vorherigen Abschnitt beschrieben, zweistufig gestaltet (20s-II-A), als maximale Auslenkung wurde $R_{\max} = 0{,}54\,\mathrm{mm}$ gewählt.

Bei einem Abbruch der Abtragsphase nach der 13. Sekunde ist sowohl beim massiven Block als auch bei der aufgeklebten Schicht das Innere des Rings noch deutlich zu erkennen. Bei einem Abbruch nach der 14. Sekunde ist bei der Blockprobe das Innere des Rings bereits weitgehend, bei der Schichtprobe hingegen vollständig entfernt. Eine plausible Erklärung hierfür ist, dass nach der 13. Sekunde das Innenstück von verdampfendem Klebstoff „abgesprengt“ wird. Dies ist nur bei einem zweistufigen Abtrag zu erwarten, da anderenfalls die Oberflächenschicht immer eine metallische Verbindung zum äußeren Bereich der Probe hat und nicht nur im Zentrum von der Klebestelle auf der Probe gehalten wird. Die Vorteile einer zweistufigen Abtragsphase gegenüber einer einstufigen können daher bei einer aufgeklebten Schicht deutlicher erscheinen, als sie es bei einer metallischen Verbindung tatsächlich sind. Auf der anderen Seite erscheinen die Unterschiede zwischen den beiden Proben in Bild 7.35 gering, im Vergleich zu den Abmessungen des Kraters. Es ist also unwahrscheinlich, dass die beobachtete Reduktion der Oberflächeneinflüsse vorrangig auf dem Abplatzen der Verklebung basiert, zumal verschlepptes Material mit REM-EDX direkt nachgewiesen werden konnte, siehe Bild 7.30. Es ist nicht zu erwarten, dass diese beobachtete Materialverschleppung bei aufgeklebten Deckschichten stärker ausfällt, als im praxisrelevanten Fall, einer metallischen Verbindung zwischen Deckschicht und Grundmaterial.

7.9 Verfahrenskenngrößen zweier Abtragsstrategien

Eine Auslenkung von $R_{\max} = 0{,}54\,\mathrm{mm}$ führte in der Abtragsphase zum effektivsten Abtrag der Deckschichten, wie im letzten Abschnitt gezeigt wurde. Dieser Wert ist deutlich geringer, als die 0,75 mm, der bei den vorher gezeigten Messungen (bis einschl. Abschnitt 7.6) größtenteils genutzt wurde. In diesem Abschnitt soll daher der Einfluss der Abtragsphase auf die Kennzahlen des Messverfahrens untersucht werden. Dabei werden zwei Abtragsverfahren an einem größeren Probensatz verglichen, dessen

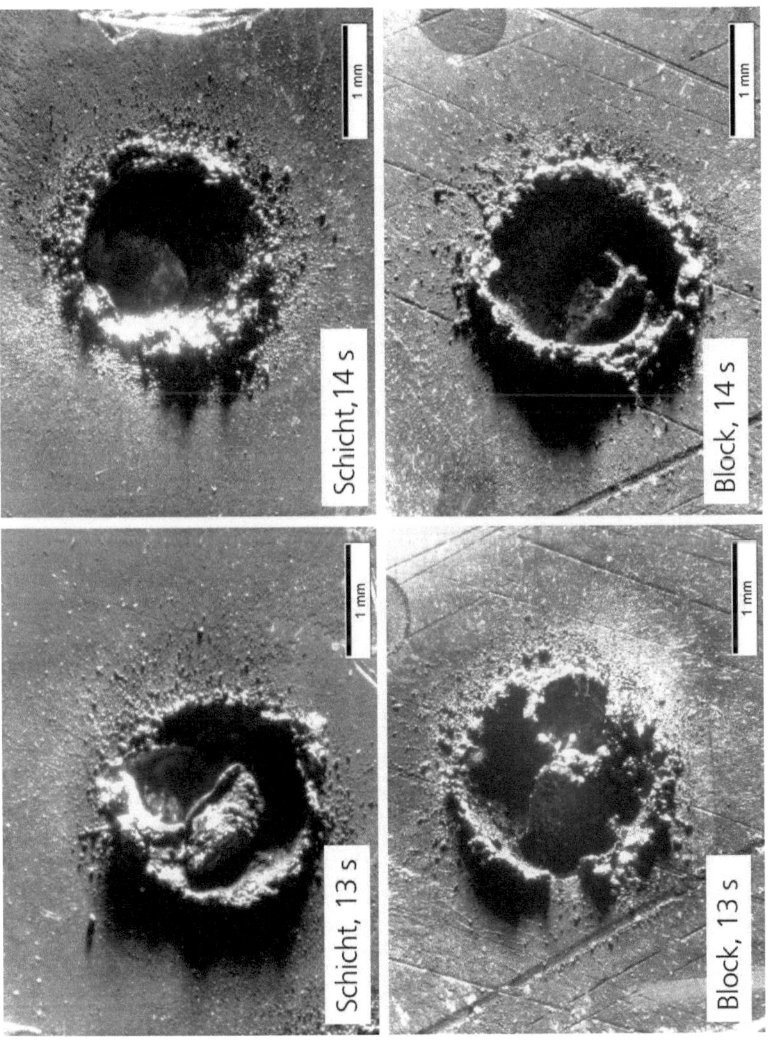

Bild 7.35: Kraterbilder nach abgebrochener, zweistufiger Abtragsphase mit $R_{\text{max}} = 0{,}54\,\text{mm}$ im Lichtmikroskop. Der Abbruch erfolgte nach der 13. oder 14. Sekunde. Das Material der massiven Blöcke ist 1.4301-Edelstahl. Bei den Schichtproben wurde 0,5 mm-Stahlblech auf ein Messingsubstrat aufgeklebt.

Proben sowohl auf der geschliffenen als auch auf der verzunderten Seite gemessen werden. Im Rahmen dieser Arbeit ist letztlich die entscheidende Frage, wie die Richtigkeit der Messung bei vorhandenen Deckschichten verbessert werden kann.

Bei einer Auslenkung von $R_{\max} = 0{,}54\,\mathrm{mm}$ wurde 20 Sekunden in CM abgetragen. Dieses Kraterprofil wird im Folgenden als „schmal“ bezeichnet. Bei einer noch geringeren Auslenkung (höheres Aspektverhältnis) würde der Einfluss der Oberflächenschicht wieder zunehmen, siehe Abbildung 7.34. Das Gegenstück zu dieser Messreihe sollte ein Abtrag mit möglichst kleinem Aspektverhältnis, also „weiten“ Kratern bilden. Hier wurde die Auslenkung auf $R_{\max} = 0{,}8\,\mathrm{mm}$ und die CM-Abtragsdauer auf 30 Sekunden erhöht. Eine längere Abtragsdauer ist nicht möglich, wenn für die Prüfsequenz insgesamt nur eine Minute zur Verfügung steht. Neben der DPO-Messphase von 10 Sekunden muss auch die Umparametrierung der Laserstrahlungsquelle berücksichtigt werden. Im Industrieeinsatz kommt außerdem das Aus- und Einfahren der Messlanze hinzu. Für beide Abtragsverfahren wurde das Zwei-Stufen Konzept, also ein Abtrag von außen nach innen, beibehalten. Der Verlauf von $R(t)$ ist für die beiden Auslenkungsskripte 20s-II-A (schmale Krater) und 30s-II-B (weite Krater) in Bild A.3 dargestellt. Ersteres wurde bereits in Abschnitt 7.8 genutzt, letzteres wurde in diesem Abschnitt neu eingeführt. Diese beiden Abtragschemata wurden außerdem an einer Schichtprobe verglichen, die wie im letzten Abschnitt aus einem Reineisensubstrat und einer aufgeklebten 0,5 mm-Deckschicht aus 1.4301-Edelstahl besteht. Die Elemente, die schwerer als Kohlenstoff sind, wurden mit dem Paschen-Runge-Spektrometer im Direktlichtkanal analysiert, für die Kohlenstoffmessungen wurde das fasergekoppelte Czerny-Turner-Spektrometer genutzt. Während der DPO-Messphase wurde keine Auslenkung vorgenommen.

Die Profilform der beiden Abtragschemata, siehe Bild 7.36, wird anhand einer massiven 1.4301-Probe untersucht. Sowohl beim weiten als auch beim schmalen Abtragsschema wurden einmal nur die CM-Abtragsphase und einmal eine vollständige Sequenz (CM-Abtrags- und DPO-Messphase) durchgeführt. Mit dem Vergleich dieser Kraterprofile soll der Einfluss der DPO-Messphase auf die Kratergeometrie abgeschätzt werden. Da die Probe für die Profilmessung aus der Probenhalterung entfernt werden muss und nicht reproduzierbar wieder eingesetzt werden kann, ist es nicht möglich die Kratergeometrie vor und nach der DPO-Messphase derselben Messsequenz zu bestimmen.

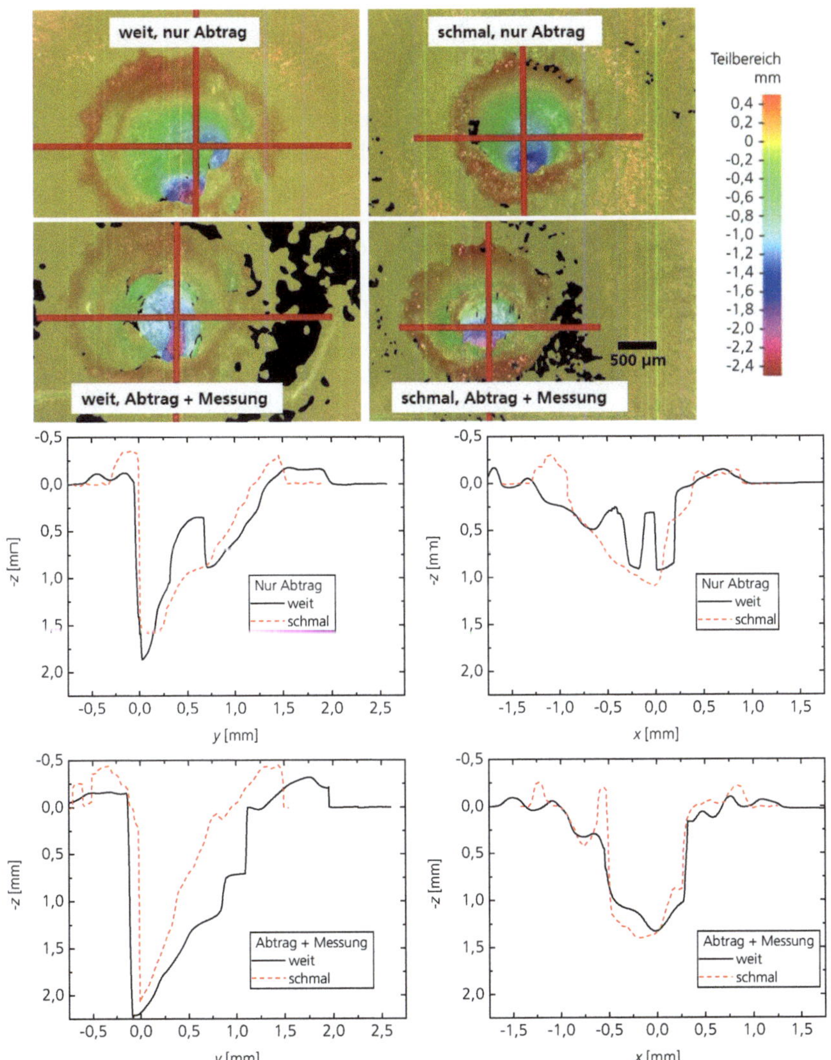

Bild 7.36: Kraterprofile zweier Abtragschemata. In den 2D-Falschfarbbildern (oben) sind die Verläufe der Profilquerschnitte (unten) eingezeichnet. Die Krater der jeweils oberen Zeile wurden nach der Abtragsphase gemessen. Bei den Kratern der unteren Zeile wurde nach der jeweiligen Abtragsphase eine Messphase durchgeführt.

Werden die Profile nach der CM-Abtragsphase aufgenommen, also ohne den Abtrag den die DPO-Messphase mit sich bringt, erscheinen die weiten Kraterprofile zerklüfteter und unregelmäßiger, als die schmalen Krater. Beim weiten Kraterprofil verbleibt in der Mitte ein Rest, sodass dort die Tiefe geringer als 500 µm ist. Nach der DPO-Messphase ist ein solcher Rest nicht zu erkennen. Die Bild A.3 beschriebene Weiterentwicklung des Abtragsmusters „30s-II-C" zeigt eine solche „Restbildung" nicht, konnte jedoch im Rahmen dieser Arbeit nicht mehr an einer größeren Messreihe getestet werden. Die Kraterprofile nach der DPO-Messphase erscheinen bei weiten und schmalen Kratern regelmäßig. Die Maximaltiefen unterscheiden sich um etwa 0,1 mm bei einer Maximaltiefe von etwa 2 mm. Das Profil der Krater unterscheidet sich in y-Richtung stärker als in x-Richtung.

Der Einfluss des Abtragsschemas auf die LIBS-Messungen ist in Bild 7.37 und Bild 7.38 dargestellt. In diesen Diagrammen sind nur die Messwerte der verzunderten Proben einzeln dargestellt. Die Messungen an den geschliffenen Kalibrierproben sind zur Ausgleichsfunktion zusammengefasst. Mit dieser wurden Richtigkeit R und Präzision S der verzunderten Proben ermittelt. Für das Element Chrom sind zwei Analysenkurven gezeigt, einmal für Gehalte $c < 4$ M.–% und einmal für $c < 20$ M.–% – ebenso bei Nickel für Gehalte $c < 1$ M.–% bzw. $c < 1$–2 M.–%

Wenn sich die Richtigkeit R der beiden Messreihen, schmaler Abtrag vs. weiter Abtrag, um mehr als 3 % unterscheiden, wird die bessere Richtigkeit mit einem weiten Abtrag erreicht. Das betrifft die Analyse von Chrom ($<$ 4 M.–%), Silizium, Molybdän und Vanadium. Auch die Präzisionen sind bei dem weiten Abtragsschema besser. Ein systematischer Versatz zwischen den Messwerten der verzunderten Proben und der Analysenfunktion ist nicht erkennbar. Das bedeutet, dass die metallischen Deckschichten auch vom weiten Abtragsschema hinreichend gründlich entfernt werden, sodass diese das LIBS-Messergebnis nicht signifikant beeinflussen. In Abschnitt 7.3 zeigte sich ein unzureichender Deckschicht-Abtrag durch einen systematischen Versatz zwischen den Messungen an der geschliffenen und der verzunderten Seite. Bei den Messreihen in diesem Abschnitt erscheinen die Messfehler jedoch eher als zufällige Streuung, die bei einem weiten Abtrag geringer ausfallen, als bei einem schmalen. Um die Effektivität der beiden Abtragsschemata zu bewerten, wird daher die Schichtprobe betrachtet; 0,5 mm 1.4301-Edelstahlschicht, aufgeklebt auf ein Reineisensubstrat. In Tabelle 7.7 sind die referenzierten Intensitäten Q_{Cr} dieser Schichtprobe für das Linienpaar Cr267,72 / Fe273,07 aufgeführt. Mit den Analysenfunktion, siehe Bild 7.37 kann diesem Messwert eine Chromkonzentration zugeordnet werden. Der Einfluss der 0,5 mm Oberflächenschicht L ergibt sich dabei aus Gleichung (7.5). Bei einem schmalen Abtrag ist dieser mit $L < 1\,\%$ deutlich kleiner, als bei einem weiten Abtrag. Hier liegt der Oberflächeneinfluss bei $L > 7\,\%$. Dies deckt

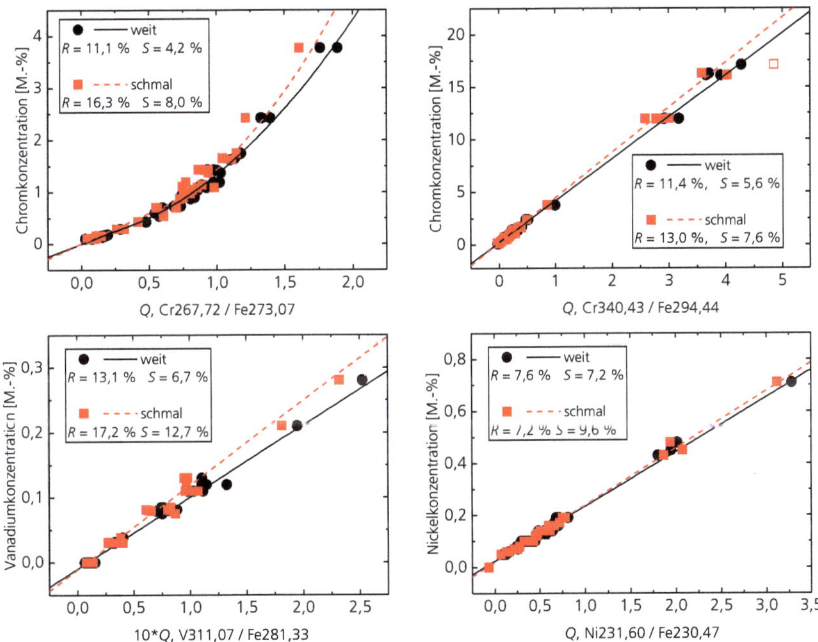

Bild 7.37: LIBS Analysen verzunderter Proben bei weitem und schmalem Abtragschema. Exemplarische Profile siehe Bild 7.36. Die Analysenfunktion ist als Funktionsgraph dargestellt, nicht aber die zugrunde liegenden Wertepaare der Kalibriermessungen an den geschliffenen Seiten. Die Richtigkeit R und Präzision S beziehen sich auf die verzunderten Proben. Der ungefüllte Datenpunkt gilt als Ausreißer und wird nicht bei der Berechnung von R und S berücksichtigt.

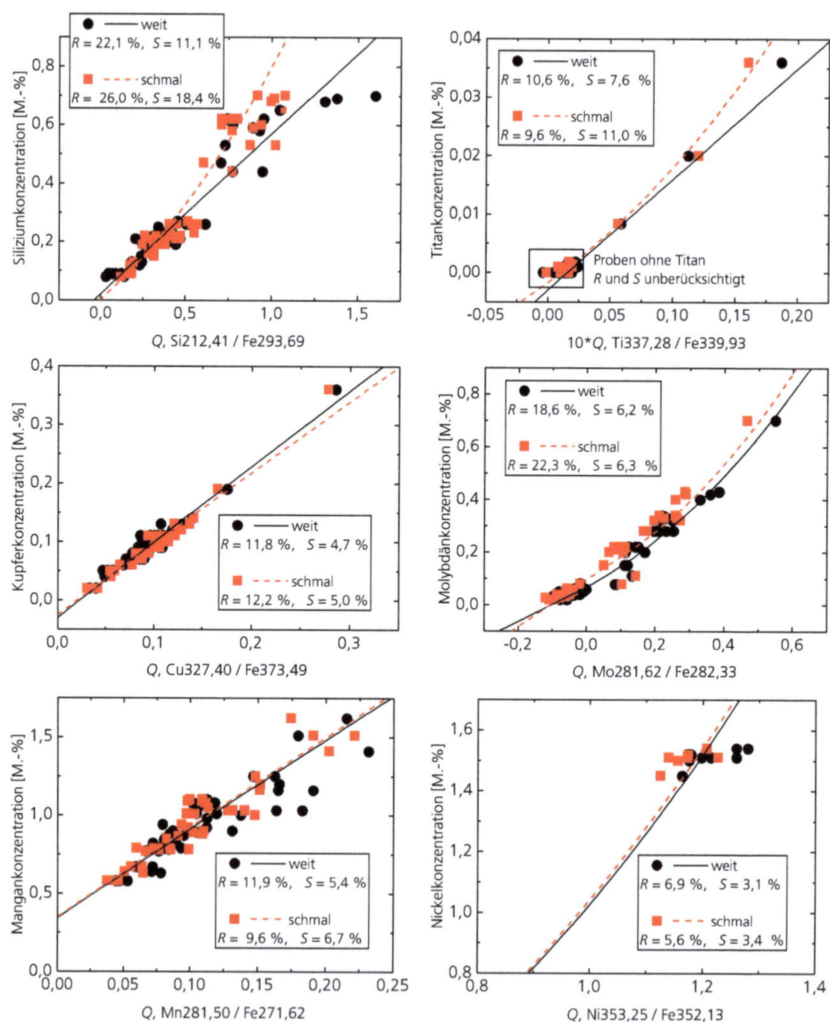

Bild 7.38: Fortsetzung zu Bild 7.37

Tabelle 7.7: Verbleibender Oberflächeneinfluss L einer aufgeklebten 0,5 mm-1.4301-Schicht, ca. 18 M.–% Cr, in Abhängigkeit des Abtragsschemas. Die referenzierten Intensitäten Q_{Cr}, sind dabei aus dem Linienpaar Cr267,72 / Fe273,07 ermittelt.

Abtragsschema		Q_{Cr}	c_{Cr}[M.–%]	L [%]
schmal	(20 s, $R_{\max} = 0{,}54$ mm)	0,015	0,023	0,13
weit	(30 s, $R_{\max} = 0{,}80$ mm)	1,02	1,38	7,66

sich mit den Ergebnissen aus dem letzten Abschnitt. Je größer die Auslenkung $R_{\max}$ desto höher ist der Einfluss der Oberflächenschicht. Die Erhöhung der Abtragsdauer um 10 Sekunden kompensiert den Einfluss der größeren Auslenkung nicht.

Ein Einfluss des Abtragsschemas auf die Richtigkeit R der Messung ist bei Kohlenstoff noch deutlicher zu sehen als bei den schwereren Elementen, siehe Bild 7.39. Die Richtigkeit R ist bei einem schmalen Abtrag knapp um einen Faktor 2 verschlechtert, verglichen mit einem weiten Abtrag. Bei den Kohlenstoff-Messreihen zeigt sich auch ein Einfluss des DPO-Abtrags. Die Spektren, die in Bild 7.39 ausgewertet wurden, stammen aus dem Zeitfenster A, $2\,\mathrm{s} \leq t_{\mathrm{A}} \leq 3{,}8\,\mathrm{s}$ der DPO-Messphase. Da in der DPO-Messphase keine Auslenkung mehr stattfindet, sind die Krater in diesem Intervall flacher als zum späteren Zeitfenster B, welches als $5\,\mathrm{s} \leq t_{\mathrm{B}} \leq 10\,\mathrm{s}$ definiert ist. Für die Messungen an schweren Elementen wurden die Spektren des Paschen-Runge-Spektrometers aus Zeitfenster B ausgewertet. Bild 7.40 (rechts) zeigt jedoch, dass die Richtigkeit der Kohlenstoffmessung besser wird, wenn anstelle von Zeitfenster B das frühere Zeitfenster A ausgewertet wird. Auch das spricht dafür, dass die Messfehler nicht durch die Oberflächenschicht verursacht werden, da ein solcher Einfluss im Verlauf der DPO-Messphase abnehmen müsste. Da die Messfehler jedoch im Verlauf der DPO-Messphase zunehmen und bei einem schmalen Abtrag von Anfang an höher sind, als bei einem weiten, kann davon ausgegangen werden, dass die Richtigkeit des Messverfahrens durch die Einengung des Plasmas limitiert wird.

Es stellt sich die Frage, wie die Richtigkeit einer Kohlenstoffmessung verbessert werden kann. Die Ergebnisse dieses Kapitels sprechen dafür, dass das Aspektverhältnis noch kleiner gewählt werden muss, was über eine größere Auslenkung realisiert werden könnte. Andererseits zeigen

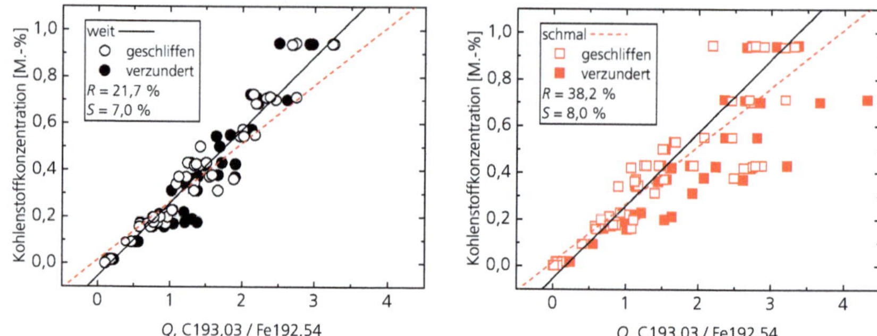

Bild 7.39: Kohlenstoffanalysen bei unterschiedlichem Abtragsschema, exemplarische Profile siehe Bild 7.36. Die Ausgleichsgeraden sind aus den Kalibriermessungen der geschliffenen Proben ermittelt, die R und S werden aus den Werten der verzundierten Proben berechnet. Die Messungen erfolgten mit dem Czerny-Turner-Spektrometer.

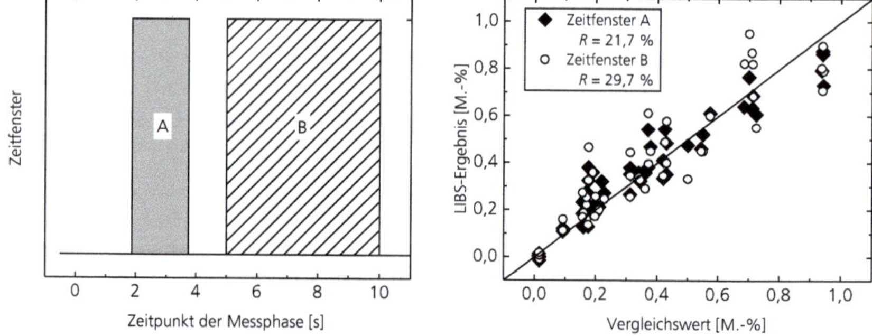

Bild 7.40: Einfluss Wahl des ausgewerteten Zeitfensters (links) auf die Richtigkeit einer Kohlenstoffmessreihe. Bei beiden Datenreihen handelt es sich um dasselbe Experiment, sie unterscheiden sich nur darin, welche Spektren der DPO-Messphase ausgewertet werden. Die Kalibrierung erfolgte an der geschliffenen Probenseite, die Analyse an der verzunderten. Der Materialabtrag erfolgte einheitlich mit 30 s im CM-Betrieb (weiter Abtrag).

sowohl die Kraterprofile als auch die Versuche an Schichtproben, dass in diesem Fall auch eine Erhöhung des Oberflächeneinflusses zu erwarten ist. Letztlich muss ein Weg gefunden werden, um das ablatierte Volumen zu erhöhen. Das würde ein geringeres Aspektverhältnis bei gleicher Kratertiefe ermöglichen. Neben einer Anpassung der Laserstrahlungsquelle kommt hier vor allem eine Verschiebung der Fokusebene zwischen Abtrags- und Messphase in Betracht. Im verwendeten Versuchsaufbau erfolgen Abtrag und Messung mit einer einheitlichen Einstellung von Δs. Über die Verschiebung einer Linse, könnte jedoch die Laserfokussierung auf einen maximalen Materialabtrag oder auf stabile LIBS-Signale hin optimiert werden.

8 Vergleich mit dem Stand der Technik

Zielsetzung dieser Arbeit war die Entwicklung eines LIBS-basierten Messverfahrens, mit welchem primärverzunderte Stranggussblöcke analysiert werden können. Dem Abtrag der Deckschichten kam dabei eine entscheidende Rolle zu. Bild 8.1 zeigt den Vergleich von bisher veröffentlichen LIBS-Kratertiefen und Messzeiten mit den Ergebnissen dieser Arbeit. Mit dem entwickelten Verfahren können innerhalb von einer Minute Kratertiefen über 2000 µm Tiefe abgetragen werden. Versuche an künstlichen Deckschichten lassen eine nutzbare Messtiefe von 1000 µm plausibel erscheinen. Das entspricht etwa dem Dreifachen der Messtiefe, die bei Metallen bisher erreicht wurde. Es konnte außerdem gezeigt werden, dass eine ausreichende Kratertiefe eine notwendige, aber keine hinreichende Bedingung für den wirksamen Abtrag einer Deckschicht darstellt. Es muss sichergestellt werden, dass das freigelegte Grundmaterial nicht durch rekondensierendes Material verunreinigt wird und dass das sich ausdehnende Laserplasma nicht mit der Deckschicht interagiert. Der in dieser Arbeit vorgestellte zweistufige Abtragsansatz nutzt die Rekondensierung von ablatiertem Grundmaterial, um nicht-repräsentative Deckschichten abzudecken, sodass die indirekte Wechselwirkung zwischen Laserplasma und Deckschicht reduziert wird. Für eine quantitative Auswertung wurden Kalibriermessungen an homogenen Proben aufgenommen und gezeigt, dass die Oberflächenschicht primärverzunderter Stranggussblöcke keinen signifikanten Einfluss auf das Messergebnis hat.

Der Zeitbedarf für eine Messung von etwa einer Minute entspricht einer typischen Beschickungsrate eines Hubbalkenofens [Swi16; Arc15] am Anfang einer Warmwalzstraße. Eine weitere Probenpräparation außer der Laserablation ist nicht nötig, sodass sich das entwickelte Messverfahren für die industrielle Inline-Analyse geeignet. Ob die erreichten Messgenauigkeiten jedoch ausreichen, um relevante Materialverwechselungen mit der benötigten Sicherheit zu erkennen, hängt von den konkreten

Anforderungen ab und kann daher an dieser Stelle nicht allgemein beantwortet werden. Das Umformverhalten, die sogenannte Warmfließkurve, kann sich mit der chemischen Zusammensetzung zwar grundlegend ändern [Ang09; Sch16]. Ob eine solche Materialverwechselung jedoch z. B. die Maschinerie beschädigen kann, hängt von der Funktionsweise der Anlagen ab. Bei einer hydraulischen Zustellung wird die Umformkraft über den Öldruck vorgegeben. Wenn die Umformbarkeit des Werkstückes geringer als erwartet ausfällt, so äußert sich dies in einer reduzierten Dickenabnahme. Bei einem Spindelvorschub wird jedoch die Dickenabnahme über den Vorschub eingestellt. Mit abnehmender Umformbarkeit steigen die sich daraus ergebende Umformkräfte was zu Schäden an der Anlage führen kann. Anlagen mit hydraulischer Zustellung „verzeihen" also eine Materialverwechselung eher, als eine spindelbasierte [Sen16].

Tabelle 8.1 zeigt die Richtigkeiten und Nachweisgrenzen der LIBS-Messreihe mit „weitem" Abtrag des vorherigen Abschnitts. Da sich die Konzentrationsintervalle der Tabelle von den dargestellten Bereichen in den Diagrammen der Bilder 7.37 und 7.38 unterscheiden, ergeben sich unterschiedliche Richtigkeiten in den beiden Darstellungen. Um die Messmittelfähigkeit des entwickelten LIBS-Verfahrens einzuordnen, werden

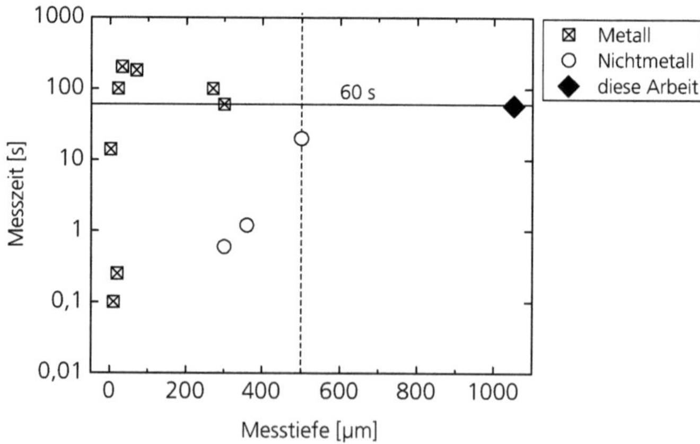

Bild 8.1: Messtiefe dieser Arbeit im Vergleich zu bisher veröffentlichen LIBS-Arbeiten. Die Messtiefe von 1000 µm entspricht etwa dem Dreifachen der Messtiefe von 300 µm, die in Metallen bisher erreicht wurde.

Tabelle 8.1: Vergleich der Analysekennzahlen dieser Arbeit mit einem mobilen, kommerziell erhältlichen Funkenspektrometer [SPE08]. LOD: Nachweisgrenze, R Richtigkeit, $\langle c\rangle/c_{\mathrm{M}}$: mittlere/maximale Analytkonzentration der LIBS-Messreihe. c_{F}: Analytkonzentration der Funkenmessung.

	Diese Arbeit				Spectrotest		
Element, Intervall	LOD [ppm]	R [%]	$\langle c\rangle$ [M.–%]	c_{M} [M.–%]	LOD [ppm]	R [%]	c_{F} [M.–%]
Kohlenstoff	130	21,7	0,37	0,943	60	3,3	0,30
Cr <5 M.–%	130	11,1	1,01	3,770	60	0,7	1,00
Cr >5 M.–%	–	5,6	14,51	17,110	–	0,7	10,00
V	23	13,1	0,05	0,280	20	20,0	0,01
Ni <1 M.–%	65	7,6	0,16	0,710	80	1,0	0,10
Ni 1-2 M.–%	–	6,9	1,51	1,540	–	1,3	2,00
Cu	23	11,8	0,10	0,360	20	10,0	0,01
Ti >30 ppm	9	10,6	0,02	0,036	10	4,0	0,05
Mn	413	11,9	0,91	1,620	40	1,2	1,00
Mo	73	18,6	0,17	0,700	30	0,7	0,30
Si	116	22,1	0,29	0,700	70	1,3	0,30

im Folgenden diese Werten mit denen eines mobilen Funkenspektrometers verglichen. Die im Fall der Funkenspektroskopie zusätzlich benötigte Oberflächenpräparation wird hierbei nicht berücksichtigt. Ist eine Zunderschicht vorhanden, kann keine Funkenmessung durchgeführt werden und auch metallische Deckschichten müssen vor der Messung entfernt werden, z. B. durch Schleifen oder Fräsen. Im Applikationsbericht [SPE08] sind die typische Streuungen für die einzelnen Analyten bei verschiedenen Konzentrationen angegeben. Um die Richtigkeit der LIBS-Messreihe mit den Werten aus dem Funken-Applikationsbericht zu vergleichen, wurde die Funken-Streuung betrachtet, bei welcher die Probenkonzentration c_{F} der mittleren Konzentration $\langle c\rangle$ der LIBS-Messreihe am nächsten kam. Diese Streuung ist in Tabelle 8.1 als Richtigkeit R des Funkenspektrometers aufgeführt.

Sowohl bei den Nachweisgrenzen (LOD) als auch bei den Richtigkeiten R konnte die Leistungsfähigkeit des Funkenspektrometers mit dem entwickelten LIBS-Verfahren nicht erreicht werden. Es ist daher davon auszugehen, dass eine funkenspektroskopische Analyse nicht durch das vorgestellte LIBS-Verfahren ersetzt werden kann. Materialverwechslungen zwischen ähnlichen Legierungen können unter den Messbedingungen am Rollgang – kurze Analysezeit, vorhandene Deckschichten – nicht erkannt werden. Verwechslungen zwischen unterschiedlichen Materialklassen, etwa zwischen einem hoch- und einem niedriglegierten Stahl können jedoch erkannt werden. Dies wurde im Rahmen dieser Arbeit in Laborversuchen gezeigt. Auch in Feldtests unter industriellen Bedingungen konnte ein Großteil der planmäßig durchgeführten Materialwechsel nachgewiesen werden [Stu+17]. Wenn in dieser Weise eine Materialverwechslung erkannt wird, so kann angemessen reagiert werden, bevor das Material zu Ausschuss verarbeitet wird. Auch eine Beschädigung der Anlage kann in diesem Fall vermieden werden. Dadurch kann ein wirtschaftlicher Nutzen erzielt werden.

Eine weitere denkbare Anwendung ist die Analyse von Übergangsknüppeln [Ste16]. Übergangsknüppel entstehen, wenn das Material einer Stranggussanlage gewechselt wird. Das „alte“ Material im Verteiler wird nach und nach durch neues ersetzt, sodass sich auch die Zusammensetzung des gegossenen Strangs kontinuierlich ändert. Eine direkte Weiterverarbeitung dieser Blöcke ist wirtschaftlich gesehen und im Hinblick auf eine sparsame Nutzung der Ressourcen wünschenswert. Dieser steht jedoch die unbekannte Zusammensetzung im Wege. Daher werden diese Blöcke oft wieder eingeschmolzen und nicht als Walzgut weiterverarbeitet. Das entwickelte LIBS-Verfahren könnte die Möglichkeit einer Schnellanalyse für solche Blöcke bieten und auf diese Weise die Ausschussrate reduzieren.

9 Zusammenfassung und Ausblick

Die zunehmende Spezialisierung und Diversifikation von Stahlgüten ermöglicht auf der einen Seite eine effizientere Nutzung vorhandener Ressourcen und eine höhere Qualität der Produkte. Auf der anderen Seite nimmt die Komplexität und damit die Fehleranfälligkeit der einzelnen Produktionsschritte zu, wenn immer feiner abgestufte Legierungen in immer kleineren Chargen verarbeitet werden. Eine Materialverfolgung mittels Barcodes, RFID-Chips und ähnlichem sind in der Metallverarbeitung nicht immer möglich oder praktikabel, sodass letztlich die chemische Zusammensetzung selbst gemessen werden muss. Am häufigsten eingesetzt wird dazu derzeit die Funkspektroskopie (OES) und die Röntgenfluoreszenzanalyse (XRF). Beide Messverfahren sind jedoch für die Inline-Prüfung der verzunderten Oberflächen der Walzblöcke ungeeignet, da sie eine mechanische Vorbereitung des Messobjekts erfordern.

In dieser Arbeit wurde die Analyse primärverzunderter Stranggussblöcke mit Laser-Emissionsspektroskopie untersucht. Dabei wurde ein Messverfahren entwickelt, mit welchem das Grundmaterial von Stranggussblöcken lokal freigelegt und analysiert werden kann. Wenn das Verfahren für eine Inline-Analyse im Walzwerk eingesetzt werden soll, ist das Zeitfenster für eine Prüfsequenz durch die Beschickungsrate der Warmwalzstraße vorgegeben. Ein typischer Wert hierfür ist ein Block pro Minute. In dieser Zeit müssen die nicht-repräsentativen Deckschichten abgetragen, das darunterliegende Grundmaterial analysiert und die Messung ausgewertet werden. Insbesondere der lokale Abtrag der Deckschichten stellt hierbei eine Herausforderung dar. Eine ausreichend hohe Abtragsrate konnte mit einem entsprechend optimierten zeitlichen Laserpulsprofil erreicht werden. Die entwickelte Prüfsequenz besteht aus einer Abtrags- und einer Messphase. In dieser Arbeit konnte gezeigt werden, dass beide Schritte mit einer einzelnen Strahlungsquelle durchgeführt werden können. Unter

Berücksichtigung der Zeiten, die für das Ein- und Ausfahren der Lanze, sowie dem Umparametrieren der Laserstrahlungsquelle benötigt werden, kann die Analyse eines Stranggussblocks innerhalb von 60 Sekunden durchgeführt werden.

Bei den in dieser Arbeit gezeigten Messungen wurde die Lanze an Proben herangefahren, die aus Walzblöcken herausgesägt wurden. Der Messaufbau kann jedoch auch neben einem Rollgang positioniert werden, um die Blöcke an einer Warteposition zu analysieren, sodass das Verfahren für die Inline-Analyse geeignet ist.

Um ein tieferes Verständnis für die Struktur der Blockoberfläche zu bekommen, wurden Querschliffe von gesägten Blockproben mittels REM-EDX Messungen untersucht sowie geätzt im Lichtmitkroskop betrachtet. Die Konzentrationen von Elementen, welche schwerer sind als Silizium konnten mit REM-EDX quantitativ gemessen werden. An der Gussfläche ist die Bildung metallischer Deckschichten durch Seigerungseffekte zu beobachten, insbesondere bezüglich Chrom. Erst in einem Abstand von ca. 600 µm zur Oberfläche kann die chemische Zusammensetzung des Grundmaterials gemessen werden. Diese Messtiefe ist etwa das Doppelte der Messtiefen bisher veröffentlichter LIBS-Arbeiten mit metallischen Proben.

Versuche mit künstlichen Deckschichten zeigten, dass das Messergebnis auf unterschiedliche Weise durch die Oberfläche beeinflusst werden kann. Wenn der Laserstrahl während des Abtrags über die Probenoberfläche bewegt wird, so kann Material aus der Deckschicht in tieferen Bereichen des Kraters rekondensieren und später die LIBS-Messung verfälschen. Daneben gibt es eine Wechselwirkung zwischen Laserplasma und Kraterwand, die zu einem Einfluss von lokal durchbohrten Deckschichten auf das LIBS-Messergebnis führt. Anhand eines Modellsystems aus Messing/Eisen-Schichten konnte gezeigt werden, dass beide Effekte entscheidende Rollen spielen. Das Muster, in welchem der Laserstahl während der Abtragsphase über die Probe bewegt wird, wurde daher dahingehend optimiert, dass nicht-repräsentative Deckschichten möglichst von rekondensiertem Grundmaterial abgedeckt sind und dass möglichst wenig Material aus der Deckschicht in das Kraterinnere gelangt.

Über die radiale Auslenkung des Laserstrahls wird auch das Aspektverhältnis des Kraters vorgegeben. Je weiter die Auslenkung erfolgt, desto kleiner ist das Aspektverhältnis und die Tiefe des abgetragenen Kraters. Je größer das Aspektverhältnis des Kraters ist, desto stärker wird das

Laserplasma durch die Kraterwände eingeengt, was sich negativ auf die Kenngrößen wie Richtigkeit und Präzision des Messverfahrens auswirkt. Auf der anderen Seite müssen die Krater hinreichend tief sein, um die Deckschichten zuverlässig zu durchdringen. Diese auf Abtragstiefe optimierte Auslenkung wurde an künstlichen Schichten bestimmt. Bei einer Messreihe an Blockproben zeigte sich jedoch, dass die auf diese Weise eingestellten Kratergeometrie das Laserplasma zu stark einengt. Bei einer etwa 40 % größeren Auslenkung können, auch an primärverzunderten Blockproben, bessere Richtigkeiten erreicht werden. Insbesondere bei Kohlenstoffmessungen waren bei zu schmalen Kratern die Kennzahlen signifikant schlechter als bei weiteren Kratern. Mit dem vorgestellten Verfahren konnten nicht die Nachweisgrenzen und Richtigkeiten erreicht werden, die ein mobiles Funkenspektrometer an sauberen und geschliffenen Oberflächen bietet. Es ist daher zu erwarten, dass eine Nachkontrolle am Warenausgang nicht vollständig durch eine LIBS-basierte Inline-Prüfung der Blöcke zu Beginn der Walzstraße ersetzt werden kann. Wenn jedoch mit einer solchen Vorprüfung Verwechselungen von stark unterschiedlichen Materialien frühzeitig erkannt werden, so kann die Ausschussrate und insbesondere eine Gefährdung der Maschinerie reduziert werden. Für letztere ist gerade die rechtzeitige Erkennung deutlicher Abweichungen von der vorgesehenen Legierungszusammensetzung relevant.

Eine weitere Verbesserung des Messverfahrens ist durch eine Anpassung der Fokuslage zu erwarten. Bei dem Versuchsaufbau in seiner verwendeten Form musste bei der Fokussierung der Laserstrahlung auf die Probenoberfläche ein Kompromiss zwischen ausreichendem Abtrag und stabilen Messsignalen gewählt werden. Zwischen Abtrags- und Messphase wäre genügend Zeit zum mechanischen Verschieben einer Linse, sodass es möglich und vielversprechend erscheint, für beide Phasen eine eigene Fokusposition zu definieren.

Außerdem erscheint es wünschenswert, die verwendete Laserstrahlungsquelle durch eine Ultrakurzpulsquelle (ps-Pulse oder kürzer) zu ersetzen. Es ist zu erwarten, dass mit einem solchen System der Abtrag der Krater schneller und geometrisch exakter erfolgen kann. Als typischer Wert für eine ps-Abtragsrate bei Edelstrahl sei $11{,}5\,\mathrm{mm^3 min^{-1}}$ genannt [Kna+10]. Die mittlere Leistung lag hierbei bei 50 W, also unter den 61 W, welche die in dieser Arbeit verwendete Quelle im CM emittierte. Bei einer höheren Abtragsrate können bei vorgegebener Abtragstiefe und Abtragsdauer Krater mit geringerem Aspektverhältnis ablatiert werden, was nach den

Ergebnissen dieser Arbeit eine Verbesserung der Messgenauigkeit erwarten lässt. Es sind bereits ps-Laserstrahlungsquellen mit mittleren Leistungen über 500 W und Pulsenergien über 50 mJ verfügbar [Sch+17]. Da bereits ps-Pulse mit 6 mJ Pulsenergie zur Erzeugung von LIBS-Plasmen genutzt wurden [Led+17], ist davon auszugehen, dass es auch im Pikosekundenregime möglich ist, Abtrag und LIBS-Messung mit derselben Strahlungsquelle durchzuführen.

Die eingesetzten Spektrometer wurden sowohl fasergekoppelt als auch in Direktlichtkanal-Anordnung verwendet. Der Direktlichtkanal zeigte dabei keine größeren Vorteile gegenüber einer Faserkopplung in Bezug auf die Richtigkeit der LIBS-Messungen. Die Kohlenstoffmessungen mit Wellenlängen um 193 nm konnten über den Faseranschluss durchgeführt werden. Gasspülung und Justierung sind bei einem Direktlichtkanal naturgemäß aufwendiger. Ein Aufbau ohne Direktlichtkanal kann daher einfacher und robuster gestaltet werden. Das wäre im Hinblick auf einen längerfristigen Einsatz unter Industriebedingungen wünschenswert. Eine solche Erprobung wäre der nächste Schritt, um das in dieser Arbeit vorgestellte Verfahren in einen kommerziellen Routineeinsatz zu überführen. Erste Tests im Walzwerk, allerdings noch ohne die Kohlenstoffmessungen, konnten hierzu bereits erfolgreich durchgeführt werden [Stu+17].

A Anhang

A.1 Zustandssummen für Eisen, Chrom und Nickel

Bild A.1 zeigt die Temperaturabhängigkeit der Zustandssumme nach [NIS14]. Um die Steigungen und damit die in Abschnitt 2.2.1 eingeführte Größe E_S zu berechnen, wurden diese durch quadratische Regressionen angenähert, sodass die Zustandssumme $u^z(T)$ und deren Ableitung u' als Funktion der Temperatur ausgedrückt werden können.

$$u = u^z(T) = a \cdot T^2 + b \cdot T + c, \tag{A.1}$$

$$u' = \frac{\mathrm{d}u^z(T)}{\mathrm{d}T} = 2a \cdot T + b \cdot T. \tag{A.2}$$

Die Regressionskoeffizienten sind in Tabelle A.1 aufgeführt. Bei der Regression ergeben sich Bestimmtheitsmaße von $R^2 > 0{,}999$. Die Zustandssummen $u^z(T)$ und die berechneten Ableitungen nach der Temperatur sind in Tabelle A.2 zusammengefasst. Bei bekannter Temperaturabhängigkeit u' kann E_S, wie in Gleichung (2.9) angegeben, berechnet werden.

$$E_\mathrm{S} = k_\mathrm{B} T^2 \left(\frac{u_a}{u_r}\right) \cdot \frac{\mathrm{d}}{\mathrm{d}T}\left(\frac{u_r}{u_a}\right), \tag{A.3}$$

$$E_\mathrm{S} = k_\mathrm{B} T^2 \left(\frac{u_a}{u_r}\right) \left(u_r' u_a^{-1} - u_a^{-2} u_a' u_r\right), \tag{A.4}$$

$$E_\mathrm{S} = k_\mathrm{B} T^2 \left(\frac{u_r'}{u_r} - \frac{u_a'}{u_a}\right), \tag{A.5}$$

$$E_\mathrm{S} = k_\mathrm{B} T^2 \left(\frac{2a_r T + b_r}{u_r} - \frac{2a_a T + b_a}{u_a}\right). \tag{A.6}$$

Tabelle A.1: Zahlenwerte für die Regressionsparabel nach Gleichung (A.1) für Eisen, Chrom und Nickel. Für die Regression wurde das Temperaturintervall von 0,7 eV bis 1,3 eV betrachtet. Um übersichtliche Zahlenwerte zu erhalten, wird als Temperatureinheit Kilokelvin [kK] genutzt.

	$a\left[(\text{kK})^{-2}\right]$	$b\left[(\text{kK})^{-1}\right]$	$c[1]$
Fe-I	1,084	-11,438	65,33
Cr-I	1,030	-12,140	51,60
Ni-I	0,347	-3,776	44,51

	$a\left[(\text{kK})^{-2}\right]$	$b\left[(\text{kK})^{-1}\right]$	$c[1]$
Fe-II	0,236	0,850	34,83
Cr-II	0,307	-2,382	11,58
Ni-II	0,017	1,489	2,82

Tabelle A.2: Zustandssummen u und Steigungen u' bei einer Temperatur von $T = 1,1\,\text{eV} \approx 12\,765\,\text{K} = 12{,}765\,\text{kK}$

	$u[1]$	$u'\left[(\text{kK})^{-1}\right]$	$\frac{u'}{u}\left[(\text{kK})^{-1}\right]$
Fe-I	95,71	16,231	0,17
Cr-I	64,38	14,156	0,22
Ni-I	52,8	5,085	0,10

	$u[1]$	$u'\left[(\text{kK})^{-1}\right]$	$\frac{u'}{u}\left[(\text{kK})^{-1}\right]$
Fe-II	84,16	6,874	0,08
Cr-II	31,24	5,461	0,17
Ni-II	24,56	1,916	0,08

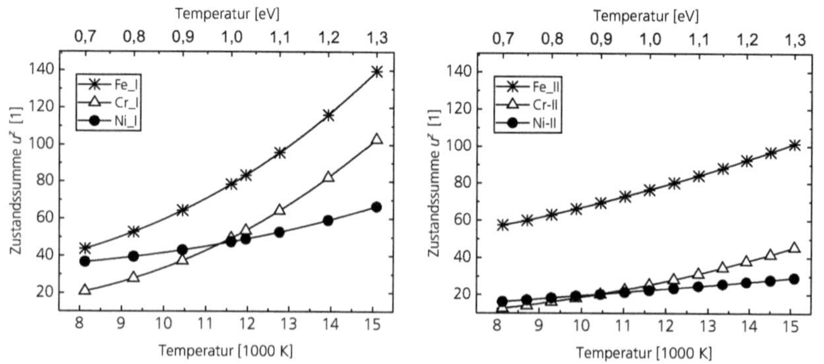

Bild A.1: Zustandssummen $u^z(T) = a \cdot T^2 + b \cdot T + c$ von Eisen, Chrom und Nickel, nach [NIS14]. Links: Zustandssummen der Atome, rechts: Zustandssummen für einfach ionisierte Teilchen

A.2 Einfluss der Gasspülung

Wie in Abschnitt 4.1 beschrieben, wird die Wechselwirkungsfläche zwischen Probe und Laserstrahl mit Spülgas überblasen. Bei Plasmen, die unter Argon-Atmosphäre erzeugt werden, sind höhere Temperaturen und höhere Elektronendichten zu erwarten, als unter Luft-Atmosphäre [AA99], was höhere LIBS-Intensitäten mit sich bringt. Weitere Gründe, die für eine Messung unter Argon-Atmosphäre sprechen, sind die Absorption von Raumluft im VUV-Bereich, sowie die Unterdrückung chemischer Reaktionen mit Luftsauerstoff.

Bei Vorversuchen wurde diese Gasspülung mit einer einzelnen Argondüse realisiert. Der Argonstrom verlief in dieser „Konfiguration A“ in einem Winkel von $\alpha_G \approx 45°$ zur Oberflächennormalen. In der fertigen Fassung verfügt die Messlanze über zwei Gasdüsen, die unabhängig voneinander geschaltet werden können. Ein Ventil schaltet dabei den Gasstrom, der den Innenraum der Messlanze spült und die Messlanze an der Austrittsöffnung verlässt. Ein weiteres Ventil schaltet die Querströmung, die außerhalb der Messlanze senkrecht zum Direktlichtkanal verläuft. Bei den Konfigurationen B, C und D wurde die Gasspülung mit diesen beiden Düsen realisiert. Die Düsen können während der Abtragsphase und der Messphase von der Ablaufsteuerung unterschiedlich geschaltet werden. Der Volumenstrom der Gasflüsse kann dagegen nur manuell eingestellt werden, sodass eine Änderung während der Prüfsequenz nicht praktikabel ist. Die einzelnen Konfigurationen der Gasspülung sind in Tabelle A.3 zusammengefasst.

Die Aufgabe der Querströmung ist es, zu verhindern, dass ablatiertes Material in die Messlanze gelangt und dort die Optiken verschmutzt. Das Material, welches sich von der Probenoberfläche gelöst hat, soll damit herausgeblasen werden. Insbesondere in der Reinigungsphase platzt Zunder ab oder flüssiges Material wird als Schmelztropfen aus dem Krater getrieben. Solche „Projektile“ lassen sich über eine Querströmung leichter seitlich ablenken als über eine Gegenströmung in der Messlanze aufhalten. Die Messphase im DPO-Modus wird als weniger kritisch angesehen, da hier das Material größtenteils verdampft wird.

Der Vergleich von LIBS-Spektren, die mit bzw. ohne Argon Querströmung aufgenommen wurden, zeigt sich jedoch, dass eine Querströmung

Tabelle A.3: Gasspülung der Wechselwirkungsfläche

Kürzel	Abtragsphase	Messphase
A	Argonstrom aus einzelner Gasdüse	
B	Innenströmung und Querströmung Argon	
C	Innenströmung Argon Querströmung Argon	Nur Innenströmung Argon
D	Innenströmung Argon Querströmung Druckluft	Nur Innenströmung Argon

zu geringeren Intensitäten führt. siehe Bild A.2. Das gilt sowohl für den UV- als auch für den VUV-Bereich gleichermaßen. Die hier verglichenen Konfigurationen entsprechen B und C in Tabelle A.3. Für die Messungen ab Abschnitt 7.7 wurde daher die Querströmung auf die Abtragsphase begrenzt und während der Messphase ausgeschaltet. Wenn in der Abtragsphase keine LIBS-Messungen vorgesehen sind, kann die Querspülung auch mit Druckluft erfolgen. In dieser Konfiguration D wurde die Innenspülung der Messlanze nicht mehr zwischen den Messungen unterbrochen, damit weniger Luft in die Messlanze eindringt.

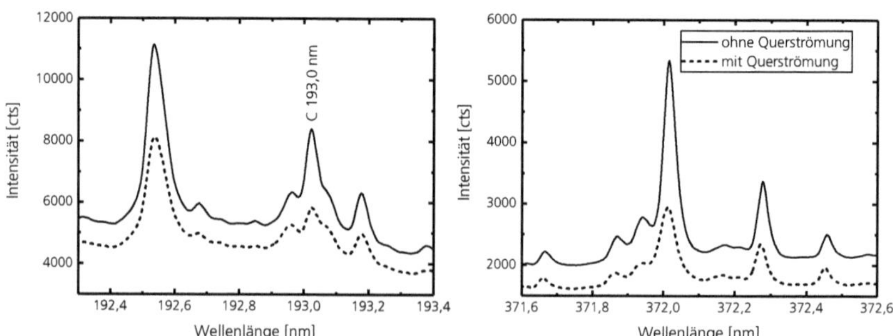

Bild A.2: Einfluss einer Argon Querströmung auf das LIBS-Spektrum im Direktlichtkanal. Die Gasspülung innerhalb der Messlanze ist bei allen Messungen etwa 30 slm.

Für das Innere der Messlanze wurden Spülraten von 30 slm und 100 slm (Standardliter pro Minute) getestet. Die Austrittsöffnung, durch welche die Innenströmung die Messlanze verlässt, hat einen Durchmesser von 10 mm. Beim Wolfram-Inertgas „WIG"-Schutzgasschweißen mit einer Düse dieser Größe wird eine Strömung von 6,4–7,6 slm empfohlen [FST14]. Bei diesem Verfahren wird das Werkstück beim Lichtbogen-Schweißen durch einen Gasstrom, meist Argon, vor der Atmosphäre geschützt. Der Abstand zwischen Werkstück und Gasdüse entspricht dabei meistens ungefähr dem Düsendurchmesser. Diese geometrischen Verhältnisse sind daher denen an der Spitze der Messlanze ähnlich, sodass die Gasflüsse beim WIG-Schweißen als Vergleichswerte herangezogen werden. Die Anforderung, das Material während des Schweißens bzw. während der Messung von der Luftatmosphäre zu trennen, ist bei beiden Verfahren dieselbe. In dieser Arbeit kommt jedoch der Aspekt der empfindlichen Optiken hinzu. Ein Schweißgerät lässt sich mit einfachen Mitteln reinigen, bei verunreinigten Optiken bleibt meist nur ein kostspieliger Austausch. Das rekondensierte Metall haftet zu fest an der Oberfläche, um ohne Beschädigung dieser entfernt werden zu können. Um keine Beschädigung der Optiken durch ablatiertes Material zu riskieren, wurden keine Volumenströme unter 30 slm getestet. Das entspricht etwa dem Fünffachen des entsprechenden Schutzgasverbrauches beim WIG. Eine Gasspülung mit 100 slm führte nicht zu merklichen Veränderungen der Messdaten, sodass die Spülrate von 30 slm beibehalten wurde.

A.3 Parametersätze der einzelnen Versuchsreihen

Die Parameter der einzelnen Versuchsreihen sind in Tabelle A.4 aufgelistet. Die angegebenen Brennweiten f der verwendeten Fokussierlinsen im Laserstrahlengang sind dabei die Nennbrennweiten. Bei einer Wellenlänge von $\lambda = 1064\,\text{nm}$ liegen die tatsächlichen Brennweiten bei 286 mm bzw. 305 mm. Bei beiden Linsen wurde der Aufbau so justiert, dass die Fokuslage etwa $\Delta s = 5\,\text{mm}$ innerhalb der Probe lag.

Die Muster, in welchen der Laserfokus über die Probenoberfläche bewegt wurde, bestehen aus konzentrischen Kreisen, mit unterschiedlichen Radien R. Bei $R = 0\,\text{mm}$ verläuft der Laserstrahlengang mittig durch die Optiken.

Der zeitabhängige Radius $R \leq R_{\mathrm{max}}$ der einzelnen Skripte ist in Bild A.3 dargestellt. Das Skript 10s-M ist nur in der DPO-Messphase verwendet worden, alle anderen nur in Abtragsphasen. Die erste Zahl im Skriptnamen gibt die Laufzeit in Sekunden an, für welche das Skript ausgelegt wurde. Die römische Zahl (I oder II gibt bei Abtragsskripten an, ob es sich um einen ein- oder zweistufigen Abtrag handelt. Der dritte Buchstabe dient der fortlaufenden Nummerierung

In den meisten DPO-Messphasen wurde die Laserstrahlungsquelle mit einer Repetitionsrate von 100 Hz betrieben. Wenn stattdessen 120 Hz verwendet wurden, so ist das in den Diagrammen bzw. den Unterschriften explizit angegeben.

Bei Versuchsreihen, in welchen verschiedene Auslenkungsskripte verglichen werden, sind Abtrags- oder Messmuster durch das $\veebar$-Zeichen in Tabelle A.4 getrennt. In diesen Versuchsreihen wird jeweils nur ein Skript während der jeweiligen Phase genutzt. Bei einigen Versuchsreihen wurde der Laserstrahl nicht in der Messphase bewegt, sondern verblieb bei $R = 0\,\mathrm{mm}$. Dies ist in Tabelle A.4 mit „Messmuster: $R = 0\,\mathrm{mm}$“ angegeben.

Tabelle A.4: Parameter der Messreihen, mit Brennweite f (Laserfokussierung), Winkel Gasströmung α_G, Lanzenposition z_L, summierte Ereignisse (Detektor) N_{det}

Nr.	Querverweis	Spektrometer	Parameter
1	Abschnitt 7.1-7.5 Bild 7.1-7.20	Echelle	$f = 300\,\text{mm}$, $\alpha_G \approx 45°$, $z_L = 280\,\text{mm}$, $N_{det} = 30$ Abtragsmuster: 20s-I-A Messmuster: 10s-M Gasspülung A
2	Bild 7.21	Echelle, Paschen-Runge	$f = 300\,\text{mm}$, $\alpha_G \approx 90°$, $z_L = 280\,\text{mm}$, $N_{det} = 15$, Ohne Linse L5 Abtragsmuster: 20s-I-A Messmuster: 10s-M Gasspülung B
3	Bild 7.22	Echelle, Paschen-Runge	$f = 300\,\text{mm}$, $\alpha_G \approx 45°$, $z_L = 280\,\text{mm}$, $N_{det} = 15$ Abtragsmuster: 20s-I-A Messmuster: 10s-M $\veebar$ $R = 0\,\text{mm}$ Gasspülung A
4	Bild 7.23	Paschen-Runge	$f = 300\,\text{mm}$, $\alpha_G \approx 90°$, $z_L = 240\,\text{mm}$, $N_{det} = 15$ Abtragsmuster: 20s-I-A Messmuster: 10s-M $\veebar$ $R = 0$ Gasspülung B
5	Abschnitt 7.7 Bild 7.25-7.35	Echelle	$f = 250\,\text{mm}$, $\alpha_G \approx 90°$, $z_L = 240\,\text{mm}$, $N_{det} = 15$ Abtragsmuster: 20s-I-B $\veebar$ 20s-II-A Messmuster: $R = 0$ Gasspülung D
6	Abschnitt 7.9 Bild 7.36-7.40	Czerny-Turner, Paschen-Runge	$f = 250\,\text{mm}$, $\alpha_G \approx 90°$, $z_L = 240\,\text{mm}$, $N_{det,PR} = 15$, $N_{det,CT} = 10$ Abtragsmuster: 20s-II-A $\veebar$ 30s-II-B Messmuster: $R = 0\,\text{mm}$ Gasspülung D
7	Abschnitt 8 Bild 8.1	Czerny-Turner, Paschen-Runge	$f = 250\,\text{mm}$, $\alpha_G \approx 90°$, $z_L = 240\,\text{mm}$, $N_{det,PR} = 15$, $N_{det,CT} = 10$ Abtragsmuster: 30s-II-B Messmuster: $R = 0\,\text{mm}$ Gasspülung D
8	Abschnitt A.2 Bild A.2	Paschen-Runge	$f = 300\,\text{mm}$, $\alpha_G \approx 90°$, $z_L = 240\,\text{mm}$, $N_{det} = 15$ Abtragsmuster: 20s-I-A Messmuster: $R = 0\,\text{mm}$ Gasspülung C, D

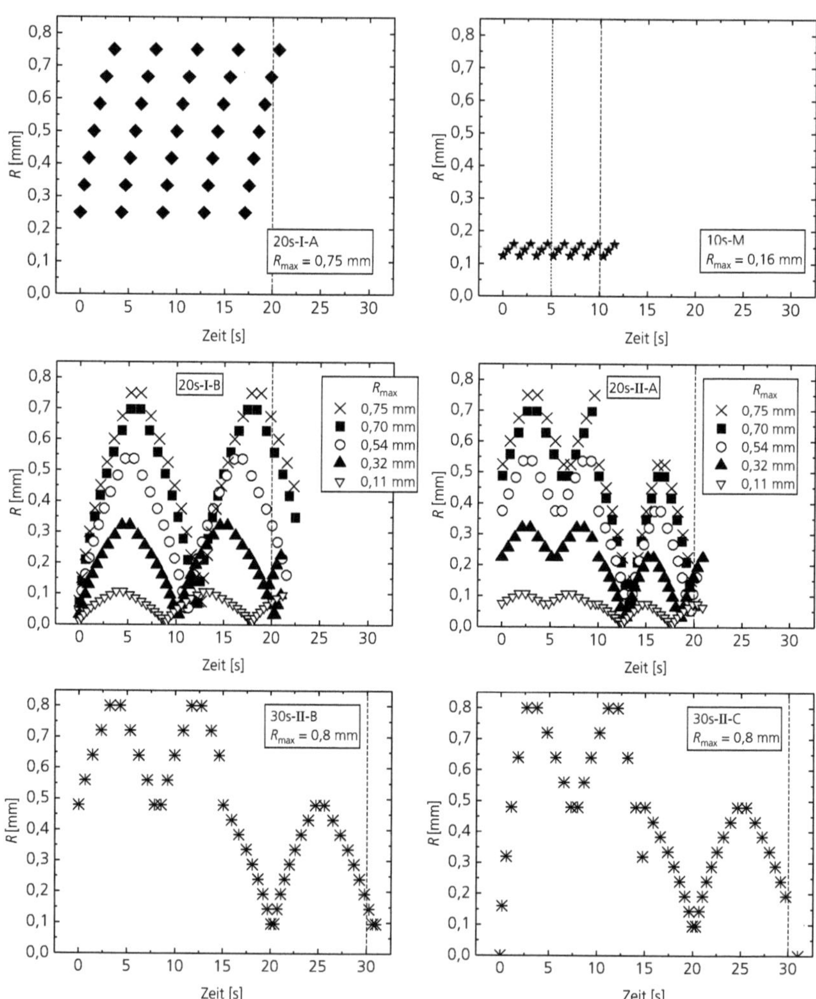

Bild A.3: Ablauf der Auslenkungsskripte. Das Ende der Mess- und Abtragsphasen ist mit einer strichlierten Linie markiert. Die gepunktete Linie bei Skript „10s-M“ zeigt den Beginn der Messung mit dem Paschen-Runge-Messung an.

Bei allen verwendeten Spektrometern (Echelle, Paschen-Runge und Czerny-Turner) wurden mehrere Plasmaereignisse auf dem Detektor aufsummiert und als Spektrum ausgelesen. Diese Zahl wird mit N_{det} angegeben. Wie viele Spektren in einer Abtrags- oder Messphase aufgenommen werden, hängt vom Spektrometertyp, der Triggerfrequenz (Repetitionsrate der Laserstrahlungsquelle) sowie von der Zeitdauer ab, in welcher das Spektrometer Daten aufzeichnet. Für die im Rahmen dieser Arbeit genutzten Parameterkombinationen ist die Anzahl pro Prüfsequenz aufgezeichneter Spektren in Tabelle A.5 aufgeführt. Über die Auswahl der ausgewerteten Spektren wird der untersuchte Zeitraum der Prüfsequenz vorgegeben. Wenn nicht anders angegeben, werden in dieser Arbeit die 7 zuerst ausgelesenen Echelle-Spektren nicht zur Bestimmung von Q- und I-Werten oder gemittelter Spektren benutzt, sondern nur alle darauf folgenden. Je nach den weiteren Einstellungen, siehe Tabelle A.5, entsprechen diese 7 Spektren einer Zeitdauer von 3–6 s. Bei Messungen mit dem Paschen-Runge-Spektrometer wurden keine Messungen verworfen, sondern erst 5 Sekunden nach Beginn der Messphase mit der Datenaufzeichnung begonnen. In diesem Intervall der Messphase von $5\,\mathrm{s} \leq t \leq 10\,\mathrm{s}$ werden 22 Spektren aufgezeichnet. Das Czerny-Turner-Spektrometer zeichnet, wie das Echelle-Spektrometer, während der gesamten Messphase auf. Für die Auswertung des in Abschnitt 7.9 genannten Zeitfensters A, $2{,}0\,\mathrm{s} < t_{\mathrm{A}} < 3{,}8\,\mathrm{s}$ wurden die ersten 15 Spektren verworfen, die 15 folgenden ausgewertet. Für Zeitfenster B $5{,}0\,\mathrm{s} < t_{\mathrm{B}} < 10\,\mathrm{s}$ wurden die ersten 40 Spektren verworfen und alle folgenden ausgewertet.

Tabelle A.5: Anzahl der pro Abtrags- oder Messphase aufgezeichneten Spektren in Abhängigkeit weiterer Parameter

Spektrometer	Takt [Hz]	Intervall [s]	$N_{\mathrm{det}} = 30$	$N_{\mathrm{det}} = 15$	$N_{\mathrm{det}} = 10$
Echelle	60	0-20	24		
Echelle	100	0-10	16	21	
Echelle	120	0-10	18		
Paschen-Runge	100	5-10		15	
Czerny-Turner	100	0-10			ca. 80

A.4 Liste der Proben

Tabelle A.6: Die Zusammensetzungen der verwendeten Stranggussstahlproben in M.–%. Die Angabe nFe ist der Anteil aller nicht-Eisenelemente der Probe. Bei den gesägten Blockproben der Gruppen D und E, ist der Kopf des Stranggussblocks nicht vollständig erhalten was eine Unterscheidung von Guss- und Stirnfläche, siehe Abschnitt 5 erschwert. Die Messungen an verzunderten Flächen dieser Proben erfolgte an den mutmaßlichen Gussflächen. Die Proben aus 1.4301-Edelstahl wurden nicht auf ihre Zusammensetzung untersucht. Hilfsweise sind daher hier die Konzentrationsbereiche nach [WW13] angegeben.

Nr	G	nFe	C	Cr	Ni	Si	Mn	Mo	V	Cu	Ti
1	A	2,89	0,17	0,90	0,19	0,16	1,01	0,22		0,11	
2	A	3,39	0,22	1,09	0,17	0,21	1,41	0,08		0,1	
3	A	3,05	0,50	0,97	0,14	0,19	0,94	0,04	0,11	0,08	
4	A	1,80	0,70	0,10	0,05	0,22	0,58		0,03	0,02	
5	A	3,08	0,43	0,29	0,06	0,53	1,51	0,02	0,11	0,05	
6	A	3,73	0,16	0,70	1,50	0,08	0,78	0,28		0,13	
7	A	2,00	0,53	0,16	0,10	0,23	0,79	0,04		0,08	
8	A	3,96	0,34	1,08	0,16	0,26	1,62	0,32		0,11	
9	A	4,85	0,19	1,74	1,45	0,27	0,64	0,28		0,19	
10	A	4,41	0,94	1,43	0,13	0,62	1,10	0,04		0,11	
11	B	4,45	0,96	1,46	0,14	0,57	1,09	0,06	<0,01	0,11	0,0014
12	B	2,96	0,18	0,93	0,15	0,19	1,03	0,22	<0,01	0,12	0,0067
13	B	3,02	0,18	1,03	0,16	0,19	1,21	0,05	<0,01	0,1	<0,001
14	B	4,35	0,94	1,42	0,11	0,59	1,07	0,05	0,01	0,1	0,0011
15	B	2,93	0,17	0,97	0,13	0,20	1,22	0,04	<0,01	0,1	<0,001
16	B	4,90	0,37	1,71	1,43	0,23	0,78	0,20	<0,01	0,1	0,0025
17	B	2,06	0,52	0,21	0,11	0,21	0,79	0,04	<0,01	0,1	0,0012
18	B	2,28	0,71	0,14	0,10	0,19	0,96	0,04	<0,01	0,09	0,001
19	B	4,24	0,93	1,40	0,11	0,56	1,06	0,04	<0,01	0,07	0,0012
20	B	2,48	0,19	0,42	0,16	0,22	0,87	0,41	<0,01	0,1	<0,001
21	C	1,95	0,55	0,22	0,06	0,19	0,78	0,02		0,06	
22	C	1,98	0,55	0,22	0,08	0,20	0,75	0,03		0,07	
23	C	4,14	0,31	2,40	0,12	0,18	0,67	0,16	0,12	0,08	
24	C	1,95	0,53	0,21	0,07	0,20	0,78	0,03		0,06	
25	C	3,01	0,18	0,95	0,11	0,24	1,30	0,04		0,09	
26	C	3,19	0,16	1,29	0,11	0,19	1,21	0,06		0,08	
27	C	2,89	0,16	1,04	0,11	0,19	1,17	0,04		0,09	
28	C	2,86	0,16	1,04	0,11	0,18	1,16	0,04		0,08	
29	D	14,70	0,01	11,98	0,45	0,69	1,00	0,33	0,08	0,05	
30	D	19,78	0,17	16,30	1,51	0,47	0,92	0,11	0,08	0,08	
31	D	4,73	0,37	1,65	1,51	0,08	0,67	0,21		0,14	
32	D	12,88	0,42	8,78	0,13	2,94	0,43	0,03	0,05	0,04	
33	D	3,83	0,55	0,70	0,10	1,39	0,77	0,04	0,13	0,08	
34	E	6,07	0,09	3,77	0,19	0,22	1,16	0,43	0	0,12	0
35	E	4,24	0,31	2,42	0,16	0,21	0,67	0,15	0,12	0,11	0

Nr	G	nFe	C	Cr	Ni	Si	Mn	Mo	V	Cu	Ti
36	E	4,96	0,38	1,62	1,51	0,26	0,78	0,20	0	0,12	0
37	E	3,75	0,23	1,37	0,12	0,26	0,63	0,70	0,28	0,1	0,001
38	E	3,00	0,42	1,19	0,10	0,13	0,78	0,22		0,07	
39	E	2,92	0,17	1,04	0,14	0,09	1,25	0,05		0,09	
40	E	2,32	0,72	0,12	0,10	0,23	0,84	0,02	0,12	0,06	0
41	E	2,27	0,34	0,60	0,13	0,15	0,79	0,06	0	0,11	0
42	E	2,53	0,21	0,43	0,14	0,25	0,88	0,40	0	0,1	0,0018
43	E	2,03	0,57	0,17	0,10	0,21	0,82	0,03	0	0,08	0,0013
44	E	14,70	0,02	11,95	0,48	0,68	1,03	0,33	0,079	0,04	0
45	E	2,59	0,36	0,13	0,07	0,59	1,05	0,02	0,21	0,05	0,02
46	E	2,01	0,54	0,18	0,10	0,20	0,77	0,04	0	0,1	0,0014
47	E	2,86	0,18	0,94	0,12	0,18	1,01	0,20	0	0,1	0,0084
48	E	3,37	0,20	0,54	0,71	0,21	1,20	0,32	0	0,09	0
49	E	4,33	0,94	1,42	0,10	0,60	1,09	0,03	0	0,1	0,001
50	E	3,77	0,16	0,73	1,52	0,09	0,79	0,28	0	0,1	0
51	E	1,92	0,71	0,15	0,06	0,21	0,58	0,02	0,038	0,05	0
52	E	2,32	0,71	0,12	0,10	0,19	0,85	0,03	0,11	0,09	0
53	E	1,98	0,71	0,16	0,08	0,21	0,58	0,03	0,031	0,08	0
54	E	4,36	0,94	1,43	0,12	0,58	1,08	0,05	0	0,1	0,0015
55	E	14,71	0,02	11,97	0,43	0,70	1,03	0,34	0,081	0,06	0
56	E	19,53	0,18	16,12	1,54	0,44	0,90	0,08	0,085	0,07	0
57	E	35,07	0,02	17,11	12,56	0,65	1,53	2,51	0,075	0,36	0
58	E	2,98	0,20	0,87	0,16	0,22	0,89	0,42	0	0,13	0,001
59	E	4,42	0,94	1,42	0,14	0,62	1,08	0,06	0	0,11	0,0016
60	E	1,85	0,70	0,11	0,07	0,22	0,54	0,03	0,038	0,06	0
61	E	2,38	0,08	0,18	0,13	0,19	0,98	0,05	0	0,11	0
62	E	1,86	0,37	0,15	0,10	0,19	0,79	0,04	0	0,09	0,036
63	E	0,00	0,00	0,00	0,00	0,00	0,00	0,00	0,00	0,00	0,00
64	F	3,41	0,94	1,43	0,12	0,26	0,43	0,05		0,11	
65	F	2,02	0,54	0,18	0,11	0,20	0,78	0,04	0	0,1	0
66	F	2,94	0,17	0,91	0,15	0,21	1,26	0,04	0	0,1	0
1.4301		C $\leq$ 0,07 M.–%; Si $\leq$ 1,0 M.–%; Mn $\leq$ 2,0 M.–%; Cr 17-19,5 M.–%; Ni 8,0-10,5 M.–%									

Tabelle A.8: Spectrotest-Analyse der Messingproben. Nutzung der Proben: CuZn-Blech: Substrat für Querschliffe; CuZnFe: Referenzmessung mit eisenhaltiger Messinglegierung. CuZn-Leerprobe: Alle sonstigen LIBS-Messungen, v. a. als Substrat

	Cu	Zn	Pb	Fe	snst
CuZn-Blech	56,8	43,0	0,0		0,2
CuZnFe	60,1	35,2	1,96	0,42	2,32
CuZn-Leerprobe	56,4	41,7	1,8		0,13

Tabelle A.9: Verwendung der Proben in den einzelnen Versuchsreihen, aufgeschlüsselt nach Abbildungen und Tabellen

Bild(er)	Tabelle(n)	Probe/Probengruppe
Bild 5.1		Probe 66
Bild 7.1 – Bild 7.3		Probe 64
Bild 7.4		Probe 65
Bild 7.5 – Bild 7.6		Probe 9
Bild 7.7		Probe 8
Bild 7.8	Tabelle 7.1	Gruppe A, B und C
Bild 7.9		Probe 3 und Probe 9
Bild 7.10 – Bild7.11	Tabelle 7.2	Gruppe A und D, Probe 16
Bild 7.12	Tabelle 7.3	Gruppe A ohne Probe 5
Bild 7.13		Probe 9
Bild 7.14		Gruppe A, D und Probe 16
Bild 7.15 – Bild 7.16		Gruppe A (Probe 5 nur DPO)
Bild 7.17	Tabelle 7.3	Gruppe A und C, Probe 16
Bild 7.18	Tabelle 7.4	Probe 6 und Probe 9
Bild 7.19		Probe 1
Bild 7.20	Tabelle 7.5	Gruppe A ohne Probe 5
Bild 7.21		Probe 3
Bild 7.22	Tabelle 7.6	Gruppe A, D und Probe 64
Bild 7.23		Probe 39
Bild 7.25		Probe 3 und 1.4301-Edelstahl
Bild 7.26 – Bild 7.32		Verschiedene Messingproben und 1.4301-Edelstahl
Bild 7.33		Probe 63 und 1.4301 Probe 3, 7, 35 und 63 (Kalibrierung)
Bild 7.34	Tabelle 7.7	Probe 63 und 1.4301
Bild 7.35 – Bild 7.36		1.4301
Bild 7.37 – Bild 7.40	Tabelle 8.1	Gruppe A, D und E
Bild A.2		Probe 64

A.5 Quellen zur LIBS-Messtiefen

Die Quellen der Messtiefen, die in Bild 1.1 und Bild 8.1 gezeigt sind, sind in Tabelle A.10 aufgelistet.

Die genannten Zeiten wurden aus der Laserpulszahl N_{Abl} und der Repetitionsrate der Laserstrahlungsquelle der jeweiligen Arbeiten berechnet. In den mit [1] markierten Arbeiten ist keine Repetitionsrate genannt, sodass hier hilfsweise plausible Werte angenommen wurden. In [MPN12] wird angegeben, dass es sich bei der Strahlungsquelle um einen Quantel Brilliant B Laser handelte. Dessen Repetitionsrate wurde in einer früheren Veröffentlichung [Mat+06] mit 10 Hz angegeben. In [Kas+13] wurde ein Quantel Brio Laser verwendet, der lt. Hersteller mit einer Frequenz von bis zu 50 Hz betrieben werden kann.

Tabelle A.10: Veröffentlichte Messtiefen von LIBS-Messungen

Quelle	Material	Messzeit[s]	Tiefe[µm]	N_{Abl}
[M V+98]	Zink	200	32	4000
[OS00]	Zink	100	22	1000
[Mar+01b]	Cu+Ag	14	2	140
[Stu+04]	Stahl	100	270	1000
[Bal+05]	Zink	0,1	10	1
[Mar+01a]	Marmor	0,7	380	7
[Nov+07]	Zink	180	70	1800
[Cab+11]	Zink	0,25	20	5
[Vre11]	Stahl	60	300	3000
[MPN12][1]	Farbe	20	500	200
[Kas+13][1]	Farbe	1,2	360	60

[1] Messzeit geschätzt

A.6 Verwendete Linien

Tabelle A.11: Die verwendeten Linien nach [Kur03]. Angeben sind jeweils die Luftwellenlängen. Die mit Fe* bezeichneten Linien wurden für die Temperaturbestimmungen und Boltzmannplots verwendet.

	I/II	λ_{Luft} [nm]	E_i [eV]	E_f [eV]	log(gf)
Fe	II	192,5351	8,959 917	2,522 046	−0,704
C	I	193,0268	7,685 285	1,263 810	−0,211
Al	II	193,0413	13,842 198	7,421 205	−0,218
Si	I	212,4122	6,616 521	0,781 011	0,533
Ni	II	216,5550	6,764 668	1,040 781	0,23
Ni	II	216,9092	6,871 399	1,156 856	−0,05
Fe*	I	219,6041	5,754 544	0,110 121	−0,59
Ni	II	227,0212	6,616 884	1,156 856	0,081
Fe	I	230,4734	6,368 430	0,990 177	−1,669
Fe	II	230,4737	8,185 090	2,806 845	−1,242
Ni	II	231,6036	6,392 790	1,040 781	0,268
Fe*	II	258,7990	8,943 632	4,153 906	0,16
Cr	II	267,7159	6,179 588	1,549 466	0,36
Cr	II	267,7159	6,179 588	1,549 466	0,36
Fe*	II	271,6218	7,988 271	3,424 726	−0,14
Fe*	II	273,0734	5,615 598	1,076 312	−0,95
Fe*	II	278,3691	7,697 844	3,244 908	−0,09
Cr	II	279,2151	8,617 270	4,177 824	0,43
Fe*	I	281,3287	5,320 757	0,914 663	−0,12
Mn	II	281,5019	8,743 714	4,340 331	0,13
Mo	II	281,6153	6,070 636	1,669 027	0,51
Cr	II	282,2375	8,160 268	3,768 361	0,64
Fe	I	282,3276	5,348 726	0,958 221	−0,807
Cu	I	282,4365	5,777 847	1,389 035	−1,25
Cr	II	286,2571	5,855 826	1,525 587	−0,21
Cr	II	292,8141	7,991 173	3,757 897	−0,003
Mn	II	293,3055	5,400 761	1,174 578	−0,12
Cr	II	293,5132	8,050 157	3,826 963	0,27
Fe*	I	293,6903	4,220 646	0,000 000	−0,82
Fe*	II	294,4396	5,905 279	1,695 373	−0,92
Fe*	I	300,9569	5,033 407	0,914 663	−0,67
Ni	I	301,1998	4,538 228	0,422 805	−0,04
V	II	311,0695	4,333 112	0,348 260	0,3
Cr	II	313,2053	6,440 508	2,482 828	0,079
Cr	II	314,7220	6,421 436	2,482 828	0,146
Fe	II	315,4202	7,697 844	3,767 953	−0,66
Cu	I	327,3954	3,786 150	0,000 000	−0,359
Fe	I	337,0783	6,369 983	2,692 589	−0,21
Cr	II	337,2107	8,091 368	4,415 418	−1,178

(Fortsetzung)

	I/II	λ_{Luft} [nm]	E_i [eV]	E_f [eV]	log_gf
Ti	II	337,2800	3,686 862	0,011 668	0,18
Fe	I	339,9334	5,844 522	2,198 014	−0,48
Cr	II	340,3307	6,076 371	2,434 119	−0,536
Fe	I	341,3131	5,829 782	2,198 014	−0,36
Ni	I	341,4760	3,655 427	0,025 392	−0,06
Cr	II	342,1202	6,044 558	2,421 358	−0,22
Ni	I	346,1649	3,606 259	0,025 392	−0,36
Fe	I	346,5860	3,686 638	0,110 121	−1,34
Fe	I	352,1261	4,434 911	0,914 663	−1,322
Ni	I	352,4535	3,542 369	0,025 392	−0,03
Fe	I	353,3199	6,390 541	2,882 186	0,013
Fe*	I	353,6556	6,380 721	2,875 697	0,01
Fe*	I	356,5379	4,434 911	0,958 221	−0,19
Cr	I	357,8684	3,463 764	0,000 000	0,409
Cr	I	359,3481	3,449 502	0,000 000	0,307
Fe*	I	365,1467	6,153 488	2,758 764	0,05
Fe*	I	370,1087	6,347 461	2,998 247	−0,05
Fe*	I	371,9935	3,332 020	0,000 000	−0,431
Fe*	I	373,4864	4,177 978	0,859 000	0,317
Fe*	I	374,5561	3,396 510	0,087 290	−0,771
Fe*	I	381,5840	4,733 460	1,484 960	0,3
Fe*	I	382,5880	4,154 630	0,914 660	−0,037
Fe*	I	382,7830	4,795 790	1,557 460	0,062
Fe*	I	383,4220	4,191 140	0,958 220	−0,302
Fe*	I	384,1048	4,835 180	1,608 000	−0,05
Fe*	I	385,6372	3,265 930	0,051 570	−1,286
Mo	I	386,4103	3,207 922	0,000 000	−0,01
Fe	I	386,5523	4,217 867	1,011 123	−0,982
Cr	II	396,3688	5,671 604	2,544 278	0,67
Hg	I	404,6559	7,730 993	4,667 710	−0,863
Cr	I	427,4796	2,899 733	0,000 000	−0,231
Fe*	I	430,7902	4,434 911	1,557 462	−0,07
Fe	I	541,5192	6,675 839	4,386 758	0,5
Hg	I	546,0731	7,730 993	5,461 001	−0,137

A.7 Abkürzungen, Konstanten und Formelzeichen

Tabelle A.13: Verwendete Abkürzungen

Abkürzung	Bedeutung
AV	Aspektverhältnis (Tiefe geteilt durch Breite)
CCD	Coupled Charge Device
CM	Cleaning Mode: Jedem Doppelpuls ist ein Reinigungspulszug vorangestellt
cts	Counts. Zählrate eines Spektrometers
CW-Laser	Continuous Wave, dt. Dauerstrich-Laser (ungepulst)
DPO	Double Pulse Only Mode: Die Laserstrahlungsquelle emittiert nur Doppelpulse
EDX	energy dispersive X-ray spectroscopy
FWHM	Full Width at Half Maximum dt. Halbwertsbreite
IEK	Interelementkorrektur
LOD	Limit of Detection, dt. Nachweisgrenze
LIBS	Laser-Induced Breakdown Spectroscopy (Laser-Emissionsspektroskopie)
LS	Laserstrahlung
LWL	Lichtwellenleiter (Glasfaser)
MCP	Microchannelplate (Bildverstärker)
MO	Messobjekt (Probe oder Stranggussblock)
M.-%	Massenprozent
PMT	Photomultiplier Tube dt. Photoelektronenvervielfacher
REM	Rasterelektronenmikroskop
RMSE	Root Mean Square Error
ROI	Region of Interest
RSS	Residual Sum of Squares, dt. Summe der Fehlerquadrate
slm	Standard Liter pro Minute (Volumenstrom)
SMA	sub-miniature assembly (Glasfaserverbindung)
YAG	Yttrium-Aluminium-Granat

Tabelle A.14: Physikalische Konstanten [MNT16]

Größe	Symbol	Zahlenwert	Einheit
Lichtgeschwindigkeit im Vakuum	$c_\emptyset$	$2{,}997\ 924\ 58 \cdot 10^{8}$	ms^{-1}
Elektronenmasse	m_e	$9{,}109\ 383\ 56(11) \cdot 10^{-31}$	kg
Boltzmannkonstante	k_B	$1{,}380\ 648\ 52(79) \cdot 10^{-23}$	JK^{-1}
		$8{,}617\ 330\ 3(86) \cdot 10^{-5}$	eVK^{-1}
Elektrische Feldkonstante	ε_0	$8{,}854\ 187\ 817\ 1 \cdot 10^{-12}$	Fm^{-1}
Elementarladung	e	$1{,}602\ 176\ 6208(98) \cdot 10^{-19}$	C
Plancksches Wirkungsquantum	h	$6{,}626\ 070\ 040(81) \cdot 10^{-34}$	Js
		$4{,}135\ 667\ 662(25) \cdot 10^{-15}$	eVs

Tabelle A.15: Formelzeichen

Formelzeichen	Bedeutung	Einheit
a_0	Achsenabschnitt der Analysenfunktion	M.–%
a_1	Steigung der Analysenfunktion	M.–%
a_2	Quadratischer Term der Analysenfunktion	M.–%
c_0	Grenze zw. linearer und nichtlinearer Analysenfunktion	M.–%
Q_0	Grenze zw. linearer und nichtlinearer Analysenfunktion	[1]
$c_\emptyset$	Lichtgeschwindigkeit im Vakuum	ms^{-1}
E_f	Unteres Energieniveau eines optischen Übergangs	eV
E_i	Oberes Energieniveau eines optischen Übergangs	eV
H	Energiedosis pro Fläche	Jcm^{-2}
I, $(\tilde{I})$	Unreferenzierte Intensität ($\tilde{I}$: einzelner Auslesevorgang)	cts
k	Verteilungskoeffizient	[1]
k^{-1}	Seigerungskoeffizient	[1]
k_B	Boltzmannkonstante	eVK^{-1}
L	Nach Abtragsphase verbleibender Oberflächeneinfluss	[1]
λ_0	Zentralwellenlänge eines optischen Übergangs	nm
$\Delta\lambda_D$	Linienverbreiterung durch Doppler-Effekt	pm
$\Delta\lambda_S$	Linienverbreiterung durch Stark-Effekt	pm
$\Delta\lambda_P$	Tatsächliche Verbreiterung der Emissionslinie (alle Linieneffekte berücksichtigt, Apparateverbreiterung vernachlässigt)	pm
LOD	Limit of Detection, dt. Nachweisgrenze	M.–%
m_e	Elektronenmasse	kg
N_det	Anzahl der auf dem Detektor aufsummierten Ereignisse	[1]
ν_0	Zentralfrequenz eines optischen Übergangs	Hz
ppm	Parts per Million, µg/g	[1]
Q, $(\tilde{Q})$	Referenzierte Intensität. ($\tilde{Q}$: einzelner Auslesevorgang)	[1]
RSS	Residual Sum of Squares, dt. Summe der Fehlerquadrate	M.–%
R	relative Richtigkeit (ext. Validierung)	%
r	absolute Richtigkeit (ext. Validierung)	M.–%
$R_{x,0}$	relative Richtigkeit (Kalibrierung)	%
$r_{x,0}$	absolute Richtigkeit (Kalibrierung)	M.–%
S	relative Präzision (ext. Validierung)	%
s	absolute Präzision (ext. Validierung)	M.–%
Δs	Abstand zwischen Probenoberfläche und Strahltaille (Bei positiven Werten, liegt diese innerhalb der Probe)	mm
u^z	Zustandssumme einer Spezies im Ladungszustand z	[1]

Abbildungsverzeichnis

Tabellenverzeichnis

Literatur

[AA99] J. A. Aguilera und C. Aragón. „A comparison of the temperatures and electron densities of laser-produced plasmas obtained in air, argon, and helium at atmospheric pressure“. In: *Applied Physics A: Materials Science & Processing* 69.7 (1999), S475–S478. ISSN: 0947-8396. DOI: 10.1007/s003390051443.

[AAM14] C. Aragón, J. A. Aguilera und J. Manrique. „Laser-induced breakdown spectroscopy for Stark broadening and shift experiments: Measurement of Fe II and Ni II Stark shifts“. In: *Journal of Physics: Conference Series* 548 (2014), S. 012032. ISSN: 1742-6588. DOI: 10.1088/1742-6596/548/1/012032.

[Aar+96] Aaron S. Eppler u. a. „Matrix Effects in the Detection of Pb and Ba in Soils Using Laser-Induced Breakdown Spectroscopy“. In: *Appl. Spectrosc.* 50.9 (1996), S. 1175–1181.

[Ali15] Alicona Imaging GmbH. *Alicona Imaging GmbH.* 8074 Raaba/Graz, Österreich, 3.08.2015. URL: http://www.alicona.com/.

[Ama+03] Hssaino Amamou u. a. „Correction of the self-absorption for reversed spectral lines: application to two resonance lines of neutral aluminium“. In: *Journal of Quantitative Spectroscopy and Radiative Transfer* 77.4 (2003), S. 365–372. ISSN: 00224073. DOI: 10.1016/S0022-4073(02)00163-2.

[Ang09] Stefanie Angel. *Spezielle Werkstoffkunde der Stähle: Für Studium und Praxis.* 1. Aufl. Aachen: Mainz, 2009. ISBN: 3810700606.

[Arc15] ArcelorMittal. *Die modernste Drahtstraße der Welt.* Hrsg. von SMS MEER GMBH. 41069 Mönchengladbach, 29.05.2015. URL: http://meer.sms-group.com/fileadmin/user_upload/pdf/publication/langprodukte/Sonderdruck_ArcelorMittal_5-15_DE.pdf.

[Ayd+10] Ümit Aydin u. a. *Verfahren und Vorrichtung zum präparierenden Lasermaterialabtrag.* Patent, Veröffentlichungsnummer DE102008032532A1. 2010.

[Ayd10] Ümit Aydin. *Materialidentifikation bewegter Proben aus Aluminium-Legierungen mit der Laser-Emissionsspektrometrie.* Berichte aus der Lasertechnik. Aachen: Shaker, 2010. ISBN: 978-3-8322-8795-5.

[BAA06] J. Bengoechea, J. A. Aguilera und C. Aragón. „Application of laser-induced plasma spectroscopy to the measurement of Stark broadening parameters“. In: *Spectrochimica Acta Part B: Atomic Spectroscopy* 61.1 (2006), S. 69–80. ISSN: 05848547. DOI: 10.1016/j.sab.2005.11.003.

[Bal+05] H. Balzer u. a. „Online coating thickness measurement and depth profiling of zinc coated sheet steel by laser-induced breakdown spectroscopy“. In: *Spectrochimica Acta Part B: Atomic Spectroscopy* 60.7-8 (2005), S. 1172–1178. ISSN: 05848547. DOI: 10.1016/j.sab.2005.07.003.

[Bas+69] N. G. Basov u. a. „Reduction of reflection coefficient for intense laser radiation on solid surfaces: Sov. Phys. Tech. Phys. 13(1), 1581–1582 (1969).“ In: *Sov. Phys. Tech. Phys* 13 (1969), S. 1581–1582.

[Ber13] Hans Berns. *Eisenwerkstoffe: Stahl und Gusseisen.* Berlin: Springer, 2013. ISBN: 3642319238.

[BF97] H. Becker-Ross und S. V. Florek. „Echelle spectrometers and charge-coupled devices“. In: *Spectrochimica Acta Part B: Atomic Spectroscopy* 52.9-10 (1997), S. 1367–1375. ISSN: 05848547. DOI: 10.1016/S0584-8547(97)00024-4.

[Bol+11] Klaus Bollinger u. a. *Atlas moderner Stahlbau: Stahlbau im 21. Jahrhundert.* neue Ausg. Edition Detail. München: Institut f. intern. Architektur-Dok, 2011. ISBN: 392003452X.

[Bou08] Fabienne Boué-Bigne. „Laser-induced breakdown spectroscopy applications in the steel industry: Rapid analysis of segregation and decarburization“. In: *Spectrochimica Acta Part B: Atomic Spectroscopy* 63.10 (2008), S. 1122–1129. ISSN: 05848547. DOI: 10.1016/j.sab.2008.08.014.

[BP23] R. E. Bedworth und N. B. Pilling. „The oxidation of metals at high temperatures“. In: *J Inst Met* 29.3 (1923), S. 529–582.

[BPS53] J. A. Burton, R. C. Prim und W. P. Slichter. „The Distribution of Solute in Crystals Grown from the Melt. Part I. Theoretical“. In: *The Journal of Chemical Physics* 21.11 (1953), S. 1987. ISSN: 00219606. DOI: 10.1063/1.1698728.

[Bru16] Markus Brunk. „Charakterisierung und Kompensation geometrischer Einflüsse auf die Laser-Emissionsspektroskopie bei der Inline-Werkstoffanalyse“. Diss. Aachen: Aachen, Techn. Hochsch, 2016. URL: http://publications.rwth-aachen.de/record/561337.

[BS74] C. Breton und J. L. Schwob. „Vacuum ultraviolet emission from hot plasmas“. In: 66 (1974), S. 241–284. DOI: 10.1016/B978-0-08-016984-2.50015-7. URL: http://www.sciencedirect.com/science/article/pii/B9780080169842500157.

[Bul+02] D. Bulajic u. a. „A procedure for correcting self-absorption in calibration free-laser induced breakdown spectroscopy“. In: *Spectrochimica Acta Part B: Atomic Spectroscopy* 57.2 (2002), S. 339–353. ISSN: 05848547. DOI: 10.1016/S0584-8547(01)00398-6.

[Cab+11] Luisa María Cabalín u. a. „Deep ablation and depth profiling by laser-induced breakdown spectroscopy (LIBS)employing multi-pulse laser excitation: application to galvanized steel“. In: *Applied spectroscopy* 65.7 (2011), S. 797–805. ISSN: 1943-3530. DOI: 10.1366/11-06242.

[CCC01] G. Colonna, A. Casavola und M. Capitelli. „Modelling of LIBS plasma expansion“. In: *Spectrochimica Acta Part B: Atomic Spectroscopy* 56.6 (2001), S. 567–586. ISSN: 05848547. DOI: 10.1016/S0584-8547(01)00230-0.

[Che+16] H. Chen u. a. „Femtosecond laser for cavity preparation in enamel and dentin: ablation efficiency related factors“. In: *Scientific reports* 6 (2016), S. 20950. ISSN: 2045-2322. DOI: 10.1038/srep20950.

[Che03] R. Y. Chen. „Review of the High-Temperature Oxidation of Iron and Carbon Steels in Air or Oxygen“. In: *Oxidation of Metals* 59.5/6 (2003), S. 433–468. ISSN: 0030-770X. DOI: 10.1023/A:1023685905159.

[Chi+96] B. N. Chichkov u. a. „Femtosecond, picosecond and nanosecond laser ablation of solids“. In: *Applied Physics A Materials Science & Processing* 63.2 (1996), S. 109–115. ISSN: 0947-8396. DOI: 10.1007/BF01567637.

[Cir+11] M. Cirisan u. a. „Laser plasma plume structure and dynamics in the ambient air: The early stage of expansion“. In: *Journal of Applied Physics* 109.10 (2011), S. 103301. ISSN: 00218979. DOI: 10.1063/1.3581076.

[Col+02] F. Colao u. a. „A comparison of single and double pulse laser-induced breakdown spectroscopy of aluminum samples“. In: *Spectrochimica Acta Part B: Atomic Spectroscopy* 57.7 (2002), S. 1167–1179. ISSN: 05848547. DOI: 10.1016/S0584-8547(02)00058-7.

[Cor+05] Michela Corsi u. a. „Effect of laser-induced crater depth in laser-induced breakdown spectroscopy emission features“. In: *Applied spectroscopy* 59.7 (2005), S. 853–860. ISSN: 1943-3530. DOI: 10.1366/0003702054411607.

[CR06] David A. Cremers und Leon J. Radziemski. *Handbook of laser-induced breakdown spectroscopy.* Chichester, West Sussex, England und Hoboken, NJ: John Wiley & Sons, 2006. ISBN: 0470092998.

[CT30] M. Czerny und A. F. Turner. „Über den Astigmatismus bei Spiegelspektrometern“. In: *Z. Physik (Zeitschrift für Physik)* 61.11-12 (1930), S. 792–797. DOI: 10.1007/BF01340206.

[Deb+00] B. Debiesme u. a. *Ein Stahlstranggussform deckendes Giesspulver, insbesondere für Stahl mit sehr niedrigem Kohlenstoffgehalt.* Patent, Veröffentlichungsnummer DE69608473 T2. 2000.

[Del+16] T. Delgado u. a. „Distinction strategies based on discriminant function analysis for particular steel grades at elevated temperature using stand-off LIBS“. In: *J. Anal. At. Spectrom.* 31.11 (2016), S. 2242–2252. ISSN: 0267-9477. DOI: 10.1039/c6ja00219f.

[Dem05] Wolfgang Demtröder. *Experimentalphysik.* 3., überarb. und erw. Aufl. Berlin, Heidelberg und New York: Springer, 2005. ISBN: 3540214739.

[Dem07] Wolfgang Demtröder. *Laserspektroskopie: Grundlagen und Techniken.* 5., erw. und neubearb. Aufl. Berlin [u.a.]: Springer, 2007. ISBN: 9783540337928.

[DF65] H. W. Drawin und P. Felenbok. *Data for plasmas in local thermodynamic equilibrium.* Gauthier-Villars, 1965.

[Dil05] Ulrich Dilthey. *Schweisstechnische Fertigungsverfahren.* 3., bearb. Aufl. VDI. Berlin: Springer, 2005-. ISBN: 3540216731.

[DIN02] DIN Deutsches Institut für Normung e. V. *53804-1 Statistische Auswertung - Teil 1: Kontinuierliche Merkmale.* Berlin, 2002.

[DIN05] DIN Deutsches Institut für Normung e. V. *DIN 38402-51.2017 Deutsche Einheitsverfahren zur Wasser-, Abwasser und Schlammuntersuchung – Allgemeine Angaben (Gruppe A) – Teil 51: Kalibrierung von Analysenverfahren – Lineare Kalibrierfunktion (A 51).* Berlin, 2017-05.

[DIN06] DIN Deutsches Institut für Normung e. V. *ISO 8466-2:2001 Wasserbeschaffenheit - Kalibrierung und Auswertung analytischer Verfahren und Beurteilung von Verfahrenskenndaten - Teil 2: Kalibrierstrategie für nichtlineare Kalibrierfunktionen zweiten Grades.* Berlin, 2004-06.

[DIN11] DIN Deutsches Institut für Normung e. V. *DIN 32645:2008-11 Chemische Analytik - Nachweis-, Erfassungs- und Bestimmungsgrenze unter Wiederholbedingungen - Begriffe, Verfahren, Auswertung.* Berlin, 2008-11.

[DL11] B. Doggett und J. G. Lunney. „Expansion dynamics of laser produced plasma“. In: *Journal of Applied Physics* 109.9 (2011), S. 093304. ISSN: 00218979. DOI: 10.1063/1.3572260.

[Dua+16] Wenqiang Duan u. a. „Effect of temporally modulated pulse on reducing recast layer in laser drilling“. In: *The International Journal of Advanced Manufacturing Technology* 87.5-8 (2016), S. 1641–1652. ISSN: 0268-3768. DOI: 10.1007/s00170-016-8362-5.

[Far+14] N. Farid u. a. „Emission features and expansion dynamics of nanosecond laser ablation plumes at different ambient pressures“. In: *Journal of Applied Physics* 115.3 (2014), S. 033107. ISSN: 00218979. DOI: 10.1063/1.4862167.

[FC79] S. Freudenstein und J. Cooper. „Stark broadening of Fe I 5383 A“. In: *Astronomy and Astrophysics* 71 (1979), S. 283–288.

[FST14] Hans J. Fahrenwaldt, Volkmar Schuler und Jürgen Twrdek. *Praxiswissen Schweißtechnik: Werkstoffe, Prozesse, Fertigung*. 5., vollst. überarb. Aufl. 2014. SpringerLink : Bücher. Wiesbaden: Imprint: Springer Vieweg, 2014. ISBN: 978-3-658-03140-4.

[Gau+10] Rosalba Gaudiuso u. a. „Laser induced breakdown spectroscopy for elemental analysis in environmental, cultural heritage and space applications: a review of methods and results". In: *Sensors (Basel, Switzerland)* 10.8 (2010), S. 7434–7468. ISSN: 1424-8220. DOI: 10.3390/s100807434.

[Gru50] Frank E. Grubbs. „Sample Criteria for Testing Outlying Observations". In: *The Annals of Mathematical Statistics* 21.1 (1950), S. 27–58. ISSN: 0003-4851. DOI: 10.1214/aoms/1177729885.

[Guo+13] L. B. Guo u. a. „Accuracy improvement of quantitative analysis by spatial confinement in laser-induced breakdown spectroscopy". In: *Optics express* 21.15 (2013), S. 18188–18195. ISSN: 1094-4087. DOI: 10.1364/OE.21.018188.

[Hao+09] X. J. Hao u. a. „Characterization of Decarburization of Steels Using a Multifrequency Electromagnetic Sensor: Experiment and Modeling". In: *Metallurgical and Materials Transactions A* 40.4 (2009), S. 745–756. ISSN: 1073-5623. DOI: 10.1007/s11661-008-9776-y.

[Has03] Stephan Hasse. *Guß- und Gefügefehler: Erkennung, Deutung und Vermeidung von Guß- und Gefügefehlern bei der Erzeugung von gegossenen Komponenten*. 2., aktualisierte und erw. Aufl. Berlin: Schiele & Schön, 2003. ISBN: 3794906985.

[Has07] Stephan Hasse. *Giesserei-Lexikon*. 19., [überarb.] Aufl., Ausg. 2008. Berlin: Schiele & Schön, 2007. ISBN: 3794907531.

[HC08] Samuel Chao-Ming Huang und Hung-Chi Chen. „Overview of laser refractive surgery". In: *Chang Gung Med J* 31.3 (2008), S. 237–252.

[HO10] David W. Hahn und Nicoló Omenetto. „Laser-induced breakdown spectroscopy (LIBS), part I: review of basic diagnostics and plasma-particle interactions: still-challenging issues within the analytical plasma community". In: *Applied spectroscopy* 64.12 (2010), S. 335–366. ISSN: 1943-3530. DOI: 10.1366/000370210793561691.

[HO12] David W. Hahn und Nicoló Omenetto. „Laser-induced breakdown spectroscopy (LIBS), part II: review of instrumental and methodological approaches to material analysis and applications to different fields". In: *Applied spectroscopy* 66.4 (2012), S. 347–419. ISSN: 1943-3530. DOI: 10.1366/11-06574.

[Hou00] Catherine Houska. *Metals for Corrosion Resistance Part II*. Alexandria (VA), USA, 2000. URL: www.goo.gl/s02sKZ.

[ILT06] ILT. *PAKOS: Softwaretool zur internen Verwendung am ILT*. 2006. URL: P:/A11/SOFTWARE/PAKOS.

[Ism+04] Marwa A. Ismail u. a. „LIBS limit of detection and plasma parameters of some elements in two different metallic matrices“. In: *Journal of Analytical Atomic Spectrometry* 19.4 (2004), S. 489. ISSN: 02679477. DOI: 10.1039/b315588a.

[Kas+13] Ewa A. Kaszewska u. a. „Depth-resolved multilayer pigment identification in paintings: combined use of laser-induced breakdown spectroscopy (LIBS) and optical coherence tomography (OCT)“. In: *Applied spectroscopy* 67.8 (2013), S. 960–972. ISSN: 1943-3530. DOI: 10.1366/12-06703.

[Kes05] W. Kessler. *Multivariate Datenanalyse: für die Pharma-, Bio- und Prozessanalytik.* Weinheim: Wiley-VCH, 2005. ISBN: 9783527312627.

[Kha13] Mohamed A. Khater. „Laser-induced breakdown spectroscopy for light elements detection in steel: State of the art“. In: *Spectrochimica Acta Part B: Atomic Spectroscopy* 81 (2013), S. 1–10. ISSN: 05848547. DOI: 10.1016/j.sab.2012.12.010.

[Kna+10] Ralf Knappe u. a. „Scaling ablation rates for picosecond lasers using burst micromachining“. In: *SPIE LASE.* Hrsg. von Wilhelm Pfleging u. a. SPIE Proceedings. SPIE, 2010, 75850H. DOI: 10.1117/12.842318.

[Kon02] N. Konjević. „Experimental Stark Widths and Shifts for Spectral Lines of Neutral and Ionized Atoms (A Critical Review of Selected Data for the Period 1989 Through 2000)“. In: *Journal of Physical and Chemical Reference Data* 31.3 (2002), S. 819. ISSN: 00472689. DOI: 10.1063/1.1486456.

[Kot14] C. P. Kothandaraman. *Heat and mass transfer data book.* 8th. New Delhi: New Age International, 2014. ISBN: 978-81-224-3595-5.

[Kur03] Kurucz Database. *Institute for Atomic- and Molecularphysics, University of Hannover.* Hannover, 2003. URL: http://www.pmp.uni-hannover.de/cgi-bin/ssi/test/kurucz/sekur.html.

[Led+17] Vasily N. Lednev u. a. „Laser induced breakdown spectroscopy with picosecond pulse train“. In: *Laser Physics Letters* 14.2 (2017), S. 026002. ISSN: 1612-2011. DOI: 10.1088/1612-202X/aa4fc0.

[Leg+02] Stefano Legnaioli u. a. „In situ LIBS analysis of steel pipes at high temperature“. In: *Optical Society of America* (2002), FB1. DOI: 10.1364/LIBS.2002.FB1.

[Lei+11] Karl-Heinz Leitz u. a. „Metal Ablation with Short and Ultrashort Laser Pulses“. In: *Physics Procedia* 12 (2011), S. 230–238. ISSN: 18753892. DOI: 10.1016/j.phpro.2011.03.128.

[Löb+06] Andrea Löbe u. a. „Laser-induced ablation of a steel sample in different ambient gases by use of collinear multiple laser pulses“. In: *Analytical and bioanalytical chemistry* 385.2 (2006), S. 326–332. ISSN: 1618-2642. DOI: 10.1007/s00216-006-0359-8.

[LOT07] LOT-Oriel Group Europe. *Pen-Ray line sources for wavelength calibration: Herstellerangabe.* 2007. URL: `http://pas.ce.wsu.edu/CE415/PenRay_lamp_spectra.pdf`.

[M V+98] José M. Vadillo u. a. „Nanometric range depth-resolved analysis of coated-steels using laser-induced breakdown spectrometry with a 308 nm collimated beam". In: *J. Anal. At. Spectrom.* 13.8 (1998), S. 793–797. ISSN: 0267-9477. DOI: `10.1039/A802343C`.

[Man64] John Mandel. *The statistical analysis of experimental data.* Dover books on advanced mathematics. New York: Dover, 1984, c1964. ISBN: 9780486646664.

[Mao+04] Samuel S. Mao u. a. „Laser-induced breakdown spectroscopy: flat surface vs. cavity structures". In: *Journal of Analytical Atomic Spectrometry* 19.4 (2004), S. 495. ISSN: 02679477. DOI: `10.1039/b315725c`.

[Mar+01a] P. Maravelaki-Kalaitzaki u. a. „Compositional characterization of encrustation on marble with laser induced breakdown spectroscopy". In: *Spectrochimica Acta Part B: Atomic Spectroscopy* 56.6 (2001), S. 887–903. ISSN: 05848547. DOI: `10.1016/S0584-8547(01)00226-9`.

[Mar+01b] V. Margetic u. a. „Depth profiling of multi-layer samples using femtosecond laser ablation". In: *Journal of Analytical Atomic Spectrometry* 16.6 (2001), S. 616–621. ISSN: 02679477. DOI: `10.1039/b100016k`.

[Mar05] H. F. Marston. *Tailoring scale characteristics during steel processing: Final report.* Bd. 21427. Technical steel research Hot and cold rolling processes. Luxembourg: EUR-OP, 2005. ISBN: 92-79-00082-9.

[Mat+06] M. P. Mateo u. a. „Improvements in depth-profiling of thick samples by laser-induced breakdown spectroscopy using linear correlation". In: *Surface and Interface Analysis* 38.5 (2006), S. 941–948. ISSN: 0142-2421. DOI: `10.1002/sia.2352`.

[Mat+94] E. Matthias u. a. „The influence of thermal diffusion on laser ablation of metal films". In: *Applied Physics A Solids and Surfaces* 58.2 (1994), S. 129–136. ISSN: 0721-7250. DOI: `10.1007/BF00332169`.

[Mei+16] Christoph Meinhardt u. a. „Laser-induced breakdown spectroscopy of scaled steel samples taken from continuous casting blooms". In: *Spectrochimica Acta Part B: Atomic Spectroscopy* 123 (2016), S. 171–178. ISSN: 05848547. DOI: `10.1016/j.sab.2016.08.013`.

[Mel10] Bob Mellish. *Skizze Czerny-Turner Spektrometer.* Hrsg. von Wikimedia Foundation. 2010. URL: `https://commons.wikimedia.org/wiki/File:Czerny-turner.png`.

[Mic98] A. A. Michelson. „The Echelon Spectroscope". In: *The Astrophysical Journal* 8 (1898), S. 37. ISSN: 0004-637X. DOI: `10.1086/140491`.

[MNT16] Peter J. Mohr, David B. Newell und Barry N. Taylor. „CODATA recommended values of the fundamental physical constants: 2014“. In: *Reviews of Modern Physics* 88.3 (2016). ISSN: 0034-6861. DOI: 10.1103/RevModPhys.88.035009.

[Moe13] E. Moeller. *Handbuch Konstruktionswerkstoffe: Auswahl, Eigenschaften, Anwendung.* Carl Hanser Verlag GmbH & Company KG, 2013. ISBN: 9783446435902. URL: https://books.google.de/books?id=4D5QAgAAQBAJ.

[MP14] Sergio Musazzi und Umberto Perini. *Laser-induced breakdown spectroscopy: Theory and applications.* Bd. v.182. Springer Series in Optical Sciences. Berlin [u.a.]: Springer-Verlag, 2014. ISBN: 9783642450846.

[MPN12] M. P. Mateo, V. Piñon und G. Nicolas. „Vessel protective coating characterization by laser-induced plasma spectroscopy for quality control purposes“. In: *Surface and Coatings Technology* 211 (2012), S. 89–92. ISSN: 02578972. DOI: 10.1016/j.surfcoat.2012.01.018.

[Nee08] Gregory A. Neece. „Microspectrometers: an industry and instrumentation overview“. In: *Optical Engineering + Applications.* Hrsg. von Sylvia S. Shen und Paul E. Lewis. SPIE Proceedings. SPIE, 2008, S. 708602. DOI: 10.1117/12.799403.

[Nei02] V. Neitzel. „Die Kalibration von Analysenverfahren (3): Besondere Kalibrationsfunktionen“. In: *CLB Chemie in Labor und Biotechnik, 53. Jahrgang, Heft 3/2002* 53.3 (2002). URL: http://www.analytik-news.de/Fachartikel/Volltext/CLB3.pdf.

[NIS12] NIST Physical Measurement Laboratory. *Transition Strengths.* 2012. URL: http://physics.nist.gov/PhysRefData/ASD/Html/lineshelp.html.

[NIS14] NIST Physical Measurement Laboratory. *Atomic Spectra Database Levels Form.* 2014. URL: http://physics.nist.gov/PhysRefData/ASD/levels_form.html.

[Nol+01] Reinhard Noll u. a. „Laser-induced breakdown spectrometry — applications for production control and quality assurance in the steel industry“. In: *Spectrochimica Acta Part B: Atomic Spectroscopy* 56.6 (2001), S. 637–649. ISSN: 05848547. DOI: 10.1016/S0584-8547(01)00214-2.

[Nol+05] Reinhard Noll u. a. „Concept and operating performance of inspection machines for industrial use based on laser-induced breakdown spectroscopy“. In: *Spectrochimica Acta Part B: Atomic Spectroscopy* 60.7-8 (2005), S. 1070–1075. ISSN: 05848547. DOI: 10.1016/j.sab.2005.05.025.

[Nol12] Reinhard Noll. *Laser-induced breakdown spectroscopy: Fundamentals and applications.* Heidelberg und New York: Springer-Verlag Berlin Heidelberg, 2012. ISBN: 9783642206672.

[Nov+07] K. Novotný u. a. „The use of zinc and iron emission lines in the depth profile analysis of zinc-coated steel“. In: *Applied Surface Science* 253.8 (2007), S. 3834–3842. ISSN: 01694332. DOI: 10.1016/j.apsusc.2006.08.047.

[OS00] L. St-Onge und M. Sabsabi. „Towards quantitative depth-profile analysis using laser-induced plasma spectroscopy: investigation of galvannealed coatings on steel“. In: *Spectrochimica Acta Part B: Atomic Spectroscopy* 55.3 (2000), S. 299–308. ISSN: 05848547. DOI: 10.1016/S0584-8547(00)00146-4.

[OS77] Yoichi Ono und Tatsuhiko Shigematsu. „Diffusion of Vanadium, Cobalt, and Molybdenum in Molten Iron“. In: *Journal of the Japan Institute of Metals* 41.1 (1977), S. 62–68.

[Öst14] Österreichischer Stahlbauverband. *Stahlbau aktuell.* A-1045 Wien, Österreich, 2014. URL: https://www.stahlbauverband.at/download/202/StahlbauAktuell_2014.05.pdf.

[Pal+01] S. Palanco u. a. „Spectroscopic diagnostics on CW-laser welding plasmas of aluminum alloys“. In: *Spectrochimica Acta Part B: Atomic Spectroscopy* 56.6 (2001), S. 651–659. ISSN: 05848547. DOI: 10.1016/S0584-8547(01)00212-9.

[Pap11] Lothar Papula. *Mathematik für Ingenieure und Naturwissenschaftler: Vektoranalysis, Wahrscheinlichkeitsrechnung, Mathematische Statistik, Fehler- und Ausgleichsrechnung.* 6., überarbeitete und erw. Aufl. Wiesbaden: Vieweg+Teubner Verlag / Springer Fachmedien Wiesbaden, Wiesbaden, 2011. ISBN: 978-3-8348-8133-5.

[Paw12] J. Pawley. *Handbook of Biological Confocal Microscopy.* Springer US, 2012. ISBN: 9781461571339.

[Pop11] Reinhart Poprawe. *Laser application technology.* Bd. / Reinhart Poprawe, ed. ; 2. Tailored light. Berlin [u.a.]: Springer, 2011. ISBN: 978-3-642-01237-2.

[Pur82] F. E. Purkert. „Prevention of decarburization in Annealing of high carbon steel“. In: *Journal of Heat Treating* 2.3 (1982), S. 225–231. ISSN: 0190-9177. DOI: 10.1007/BF02833222.

[Reu14] Martin Reuter. *Methodik der Werkstoffauswahl: Der systematische Weg zum richtigen Material ; mit ... 27 Tabellen und einer Vielzahl nützlicher Internetlinks.* 2., aktualisierte Aufl. München: Hanser, 2014. ISBN: 978-3-446-44144-6.

[Rod+03] A. V. Rode u. a. „Precision ablation of dental enamel using a subpicosecond pulsed laser“. In: *Australian Dental Journal* 48.4 (2003), S. 233–239. ISSN: 0045-0421. DOI: 10.1111/j.1834-7819.2003.tb00036.x.

[Row83] H. A. Rowland. „On concave gratings for optical purposes“. In: *American Journal of Science* s3-26.152 (1883), S. 87–98. ISSN: 0002-9599. DOI: 10.2475/ajs.s3-26.152.87.

[Sah99] Peter R. Sahm. *Schmelze, Erstarrung, Grenzflächen: Eine Einführung in die Physik und Technologie flüssiger und fester Metalle.* Braunschweig: Vieweg, 1999. ISBN: 978-3540415664.

[Sat97] Ralph Sattmann. *Spektrochemische Analyse von Stahl durch optische Emissionsspektroskopie laserinduzierter Plasmen.* Als Ms. gedr. Berichte aus der Lasertechnik. Aachen: Shaker, 1997. ISBN: 3826523296.

[Sch+17] Bruno E. Schmidt u. a. „Highly stable, 54mJ Yb-InnoSlab laser platform at 0.5kW average power". In: *Optics express* 25.15 (2017), S. 17549–17555. ISSN: 1094-4087. DOI: 10.1364/OE.25.017549.

[Sch14] Michael Scharun. „Faserlaserbasierte Direktanalyse von Metall-Legierungen". Diss. Aachen: RWTH Aachen, 2014. URL: http://publications.rwth-aachen.de/record/444851.

[Sch16] Markus Matthias Schäperkötter. *E-Mailkontakt mit Salzgitter AG, 12.12.2016.* 2016.

[Sch42] Erich Scheil. „Bemerkungen zur Schichtkristallbildung". In: *Zeitschrift für Metallkunde* 34.3 (1942), S. 70–72.

[Sen16] Stefan Senge. *persönliche Mitteilung: 2.12.2016.* Institut für Bildsame Formgebung (IBF) - RWTH Aachen, 2016. URL: http://www.ibf.rwth-aachen.de/de/.

[SFN13] Michael Scharun, Cord Fricke-Begemann und Reinhard Noll. „Laser-induced breakdown spectroscopy with multi-kHz fibre laser for mobile metal analysis tasks — A comparison of different analysis methods and with a mobile spark-discharge optical emission spectroscopy apparatus". In: *Spectrochimica Acta Part B: Atomic Spectroscopy* 87 (2013), S. 198–207. ISSN: 05848547. DOI: 10.1016/j.sab.2013.05.007.

[She+05] A. M. El-Sherbini u. a. „Evaluation of self-absorption coefficients of aluminum emission lines in laser-induced breakdown spectroscopy measurements". In: *Spectrochimica Acta Part B: Atomic Spectroscopy* 60.12 (2005), S. 1573–1579. ISSN: 05848547. DOI: 10.1016/j.sab.2005.10.011.

[She+07] X. K. Shen u. a. „Spectroscopic study of laser-induced Al plasmas with cylindrical confinement". In: *Journal of Applied Physics* 102.9 (2007), S. 093301. ISSN: 00218979. DOI: 10.1063/1.2801405.

[Sib+05] T. Sibillano u. a. „Correlation analysis in laser welding plasma". In: *Optics Communications* 251.1-3 (2005), S. 139–148. ISSN: 00304018. DOI: 10.1016/j.optcom.2005.02.076.

[Sib+06] T. Sibillano u. a. „Correlation spectroscopy as a tool for detecting losses of ligand elements in laser welding of aluminium alloys". In: *Optics and Lasers in Engineering* 44.12 (2006), S. 1324–1335. ISSN: 01438166. DOI: 10.1016/j.optlaseng.2005.12.002.

[SMR97] Mark A. Shannon, Xianglei Mao und Richard E. Russo. „Monitoring laser-energy coupling to solid materials: plasma-shielding and phase change". In: *Materials Science and Engineering: B* 45.1-3 (1997), S. 172–179. ISSN: 09215107. DOI: `10.1016/S0921-5107(96)01882-X`.

[SPE08] SPECTRO Analytical Instruments GmbH. *Applikationsbericht: Analyse von Stahl und Gusseisen.* Kleve, 23.12.2008. URL: `http://www.spectro.de/produkte/mobile-metall-analysatoren/spectrotest-spektrometer`.

[SSN95] R. Sattmann, V. Sturm und R. Noll. „Laser-induced breakdown spectroscopy of steel samples using multiple Q-switch Nd:YAG laser pulses". In: *Journal of Physics D: Applied Physics* 28.10 (1995), S. 2181–2187. ISSN: 0022-3727. DOI: `10.1088/0022-3727/28/10/030`.

[Ste16] Ulrike Stellmacher. *persönliche Mitteilung: 5.12.2016.* Wirtschaftsvereinigung Stahl, 2016.

[Stu+04] Volker Sturm u. a. „Bulk analysis of steel samples with surface scale layers by enhanced laser ablation and LIBS analysis of C, P, S, Al, Cr, Cu, Mn and Mo". In: *Journal of Analytical Atomic Spectrometry* 19.4 (2004), S. 451–456. ISSN: 02679477. DOI: `10.1039/b315637k`.

[Stu+14] Volker Sturm u. a. „Laser-induced breakdown spectroscopy for 24/7 automatic liquid slag analysis at a steel works". In: *Analytical chemistry* 86.19 (2014), S. 9687–9692. ISSN: 1520-6882. DOI: `10.1021/ac5022425`.

[Stu+17] Volker Sturm u. a. „Fast identification of steel bloom composition at a rolling mill by laser-induced breakdown spectroscopy". In: *Spectrochimica Acta Part B: Atomic Spectroscopy* 136 (2017), S. 66–72. ISSN: 05848547. DOI: `10.1016/j.sab.2017.08.009`. URL: `http://www.sciencedirect.com/science/article/pii/S0584854717302525`.

[Swi16] Swiss Steel AG. *Swiss Steel AG.* 6020 Emmenbrücke, Schweiz, 9.07.2016. URL: `http://www.swiss-steel.com/unternehmen/produktion/anlagen/`.

[SY09a] Lanxiang Sun und Haibin Yu. „Automatic estimation of varying continuum background emission in laser-induced breakdown spectroscopy". In: *Spectrochimica Acta Part B: Atomic Spectroscopy* 64.3 (2009), S. 278–287. ISSN: 05848547. DOI: `10.1016/j.sab.2009.02.010`.

[SY09b] Lanxiang Sun und Haibin Yu. „Correction of self-absorption effect in calibration-free laser-induced breakdown spectroscopy by an internal reference method". In: *Talanta* 79.2 (2009), S. 388–395. ISSN: 1873-3573. DOI: `10.1016/j.talanta.2009.03.066`.

[SZQ14] Xuejiao Su, Weidong Zhou und Huiguo Qian. „Optimization of cavity size for spatial confined laser-induced breakdown spectroscopy". In: *Optics express* 22.23 (2014), S. 28437–28442. ISSN: 1094-4087. DOI: `10.1364/OE.22.028437`.

[Tam20] G. Tammann. „Über Anlauffarben von Metallen". In: *Z. Anorg. Allg. Chem. (Zeitschrift für anorganische und allgemeine Chemie)* 111.1 (1920), S. 78–89. DOI: 10.1002/zaac.19201110107.

[Tho96] Thomsen, Volker B. E. *Modern spectrochemical analysis of metals: An introduction for users of arc/spark instrumentation.* Materials Park, OH: ASM International, 1996. ISBN: 0-87170-578-8.

[Til+53] W.A Tiller u. a. „The redistribution of solute atoms during the solidification of metals". In: *Acta Metallurgica* 1.4 (1953), S. 428–437. ISSN: 00016160. DOI: 10.1016/0001-6160(53)90126-6.

[Tim15] Klaus Timmel. *Experimentelle Untersuchungen zur Strömungsbeeinflussung mittels elektromagnetischer Bremsen beim kontinuierlichen Stranggüss von Stahl.* 1. Aufl. Bd. A 913. Freiberger Forschungshefte. Freiberg: Techn. Univ. Bergakad., 2015. ISBN: 978-3-86012-507-6. URL: http://www.worldcat.org/oclc/908612616.

[Tot07] George E. Totten. *Steel heat treatment: Metallurgy and technologies.* 2nd ed. Steel heat treatment handbook. Boca Raton, FL: Taylor & Francis, 2007. ISBN: 0849384559.

[TRU17] TRUMPF Laser- und Systemtechnik GmbH. *Kalte Bearbeitung.* 71254 Ditzingen, 24.07.2017. URL: https://www.trumpf.com/de_CH/produkte/laser/kurz-und-ultrakurzpulslaser/trumicro-mark/.

[TSM06] V. Thomsen, D. Schatzlein und D. Mercuro. „Interelement corrections in spectrochemistry". In: *Spectroscopy (Santa Monica)* 21.7 (2006), S. 32–40. URL: https://www.scopus.com/inward/record.uri?eid=2-s2.0-33746094274&partnerID=40&md5=2e9af62b88168a38b67eec1450e5f788.

[TYM70] Teinosuke Yagi, Yoichi Ono und Makoto Ushijima. „Diffusion of Chromium, Manganese and Nickel in Molten Iron Saturated with Carbon". In: *Tetsu-to-Hagane* 56.13 (1970), S. 1640–1645.

[Uni15] University of Sheffield. *the periodic table on the web.* Sheffield S3 7HF, Großbritannien, 14.10.2015. URL: http://www.webelements.com/.

[Val+03] Peter Valentin u. a. „Carbon Pickup in Continuous Casting Processes". In: *steel research international* 74.3 (2003), S. 139–146. ISSN: 16113683. DOI: 10.1002/srin.200300173.

[VL04] José M. Vadillo und J.Javier Laserna. „Laser-induced plasma spectrometry: truly a surface analytical tool". In: *Spectrochimica Acta Part B: Atomic Spectroscopy* 59.2 (2004), S. 147–161. ISSN: 05848547. DOI: 10.1016/j.sab.2003.11.006.

[Vre11] Jens Vrenegor. „Abtrag und Analyse verzunderter Stahlproben mit Laserstrahlung". Diss. Aachen: RWTH Aachen, 2011. URL: http://publications.rwth-aachen.de/record/82758.

[Wan+12] Zhe Wang u. a. „Utilization of moderate cylindrical confinement for precision improvement of laser-induced breakdown spectroscopy signal“. In: *Optics express* 20 Suppl 6 (2012), A1011–A1018. ISSN: 1094-4087. DOI: 10.1364/OE.20.0A1011.

[Wer+11] Patrick Werheit u. a. „Fast single piece identification with a 3D scanning LIBS for aluminium cast and wrought alloys recycling“. In: *Journal of Analytical Atomic Spectrometry* 26.11 (2011), S. 2166. ISSN: 02679477. DOI: 10.1039/c1ja10096c.

[Wer14] Patrick Werheit. *Scannende Laser-Direktanalyse von Aluminium-Knetlegierungen für das Recycling.* Berichte aus der Lasertechnik. Herzogenrath: Shaker, 2014. ISBN: 978-3-8440-2910-9.

[Wir14] Wirtschaftsvereinigung Stahl. *Stahlerzeugung in Deutschland.* 40237 Düsseldorf, 2014. URL: http://www.stahl-online.de/wp-content/uploads/2013/08/Folie118.png.

[Wit04] Andreas Witt. *Produktionsplanung und -steuerung in der Stahlindustrie: Ressourceneinsatzplanung mit Berücksichtigung von Fälligkeitsterminen und beschränkten Zwischenlagerkapazitäten.* Tenea Wissenschaft. Berlin: Tenea, 2004. ISBN: 3865040632.

[WJ04] Colin E. Webb und Jones, Julian D. C. *Handbook of laser technology and applications.* Bristol: Institute of Physics, 2004. ISBN: 9780750309660.

[WW13] Micah Wegst und Claus W. Wegst. *Stahlschlüssel.* Version 7.0, 23. Aufl. Marbach, Neckar, 2013. ISBN: 9783922599302.

[Zem10] Zemax LLC. *Zemax User's Manual.* Kirkland, WA 98033 USA, 2010. URL: http://www.zemax.com/.

[ZEY11] Yiming Zhang, Evans, Julian R. G. und Shoufeng Yang. „Corrected Values for Boiling Points and Enthalpies of Vaporization of Elements in Handbooks“. In: *Journal of Chemical & Engineering Data* 56.2 (2011), S. 328–337. ISSN: 0021-9568. DOI: 10.1021/je1011086.

Kurzzusammenfassungen

Englisch

More than 40 million tons of steel in more than 2000 alloys are produced in Germany annually. On one hand, the specialization of the specific alloys allows products of high quality. On the other hand, the risk of material mix-ups is increased. To be able to detect such mix-ups within the production line fast analysis tools are required.

Laser-induced breakdown spectroscopy (LIBS) has been proven to be a versatile tool to measure the composition of matter contact free within a short time. To analyze primary scaled steel blooms on a roller table, a local removal of non-representative surface layers is crucial. In this thesis, both steps are performed with the same laser.

First of all, these surface layers are examined regarding composition and ablation behavior. At the next step, the influence of the cavity created by the laser ablation on the plasma is considered. The influence of material crosstalk effekts and indirect interactions between the laser beam and the crater walls on the LIBS measurement depends on the ablation procedure. Based on these results an inline capable analysis scheme for steel blooms is developed and tested on a set of scaled samples. At a rate of one measurement per minute, the concentrations of all major alloying elements have been analyzed simultaneously.

Deutsch

Über 40 Millionen Tonnen Stahl in mehr als 2000 Güten werden in Deutschland jährlich produziert. Die Spezialisierung der einzelnen Güten ermöglicht auf der einen Seite hochwertige Produkte, birgt jedoch auf der anderen Seite die Gefahr von Materialverwechslungen. Um solche Verwechslungen innerhalb der Produktionslinie erkennen zu können, sind schnelle Prüfverfahren erforderlich.

Die Laser-Emissionsspektroskopie (LIBS) ist ein Verfahren, das die chemische Zusammensetzung von Stoffen schnell und berührungslos misst. Um primärverzunderte Stahlblöcke auf einem Rollgang analysieren zu können, ist ein lokaler Abtrag der nichtrepräsentativen Deckschichten notwendig. In dieser Dissertation werden beide Schritte mit der selben Laserstrahlungsquelle durchgeführt.

Zunächst werden die Deckschichten der Walzblöcke im Hinblick auf Beschaffenheit und Ablationsverhalten untersucht. Anschließend wird der Einfluss der durch den Laserabtrag entstehenden Kavität auf das Laserplasma betrachtet. Der Einfluss der Materialverschleppungen zwischen Grundmaterial und Deckschicht sowie der indirekten Wechselwirkung zwischen Laserstrahl und Kraterwand auf das LIBS-Ergebnis hängt dabei vom Abtragsverfahren ab. Auf diesen Untersuchungen aufbauend wird eine inlinefähige Prüfsequenz zur Analyse von Walzblöcken erstellt und an einem Satz verzunderter Proben getestet. Bei einer Rate von einer Messung pro Minute können die Konzentrationen der wesentlichen Legierungselemente simultan bestimmt werden.

Danksagung

Ich möchte mich an dieser Stelle bei all jenen bedanken, die mich in den letzten Jahren bei meiner Arbeit in Aachen und dem Verfassen dieser Dissertation unterstützt haben. Mein besonderer Dank gilt:

Professor Reinhart Poprawe für die Betreuung dieser Arbeit seitens der RWTH und Professor Wolfgang Schade für die Zweitbegutachtung.

Professor Reinhard Noll für die Betreuung dieser Arbeit seitens des Fraunhofer ILTs sowie für die kritische Durchsicht des Manuskriptes.

Dr. Cord Fricke-Begemann für die vielen hilfreichen Diskussionen und Anregungen sowie für seine hervorragende Arbeit als Leiter der Gruppe Materialanalytik. Ohne sein Verhandlungsgeschick, Organisationstalent und seine Überstunden wäre diese vermutlich ziemlich aufgeschmissen gewesen.

Dr. Volker Sturm für die gute Zusammenarbeit in den Projekten.

Rüdiger Fleige und Martinus „Martijn" de Kanter für die technische Unterstützung bei Planung und Aufbau der Versuchsanlage.

Allen Projektpartnern aus der Industrie für die gute Zusammenarbeit, insbesondere Laszlo Peter und Hichame Zouak (Xox IT), Dr. Dirk Siegmund (OBLF) und Jens Eisbach (DEW)

Barbara Jakobs und Peter Binczycki, die mir viel Know-How über die metallographische Probenpräparation vermittelt haben.

Herbert Horn-Solle für die viele Geduld beim Erstellen der REM-EDX-Messungen.

Hendrik Burkwinkel, Jan Düchting, Sven Oliver Dickheuer, Tim Holtum und Carlos Requena Manobel, die mich als wissenschaftliche Hilfskräfte bei meinen Projekt- und Lehrtätigkeiten tatkräftig unterstützt haben.

Ursula Peters für die Beschaffung der vielen Bücher, Paper und sonstigen Quellen.

Marion Kunzendorf und Rainer Neumeyer für graphische Unterstützung.

Ganz besonders möchte ich mich außerdem bei meiner Familie bedanken, die mich während meines gesamten Studiums und weit darüber hinaus immer unterstützt hat. Vor allem bei meinem Vater, dem ich diese Arbeit leider nicht mehr zeigen konnte.

Eidesstattliche Versicherung

Ich versichere hiermit an Eides Statt, dass ich die vorliegende Dissertation mit dem Titel:

Elementspezifische Analyse primärverzunderter Stranggussstähle mit Laser-Emissionsspektroskopie

selbstständig und ohne unzulässige fremde Hilfe erbracht habe. Ich habe keine anderen als die angegebenen Quellen und Hilfsmittel benutzt. Für den Fall, dass die Arbeit zusätzlich auf einem Datenträger eingereicht wird, erkläre ich, dass die schriftliche und die elektronische Form vollständig übereinstimmen. Die Arbeit hat in gleicher oder ähnlicher Form noch keiner Prüfungsbehörde vorgelegen.

Zudem versichere ich Eides statt, dass ich bislang kein Promotionsverfahren bzw. Promotionsstudium zum Dr. rer. nat. durchgeführt habe.

Aachen, 29. November 2017 Christoph Meinhardt